吃飯囉

日常生活中一再回味的經典料理食譜

中島志保 著　葉韋利 譯

前言

小時候，只要聽到媽媽在樓下大喊：「吃飯囉！」
我跟姊姊就會衝下樓，一邊心想，今天有什麼好吃的呢？
如果那天有類似炸蝦等我們喜愛吃的菜，
我們就會在桌子前坐定，笑嘻嘻等著媽媽上菜。
不過，通常媽媽都是準備了紅燒蔬菜或魚為主的料理。
兒時的我覺得這些食物好單調，但最近發現，
這樣的菜色，正是自己現在最喜歡，
也是吃起來感覺最踏實、最舒心的料理。

在越南餐館和有機餐廳當過廚師後，
我希望自己喜歡的點心能讓更多人吃到，
於是開了foodmood這間點心舖。
大家可能認為，從事料理業的人想必很愛下廚，
但其實正因為每天從早到晚都要站在廚房工作，
有時候也會覺得「今天還要做飯好麻煩哦！」
但話說回來，還是會想吃點好吃的。

每當這種時候，我就會簡單地替自己加油打氣，
做個「只有一道菜的主餐」。
並不是那種一個盤子裡盛裝各種美食，走時尚路線的「One Plate」，
而是不折不扣（？）就只有一道菜的主餐。
像是跟家人共享天倫之樂的晚餐、口味溫醇與和食很搭的越式美味，
還有廚師前輩為大家做的員工餐……
將舌尖上滿滿的記憶，隨自己目前的心情來搭配，
做成一道道以米、麵為主，可以迅速上桌的美味餐點，
看著眼前的美食，立刻感受到自己遠離了外界的緊張紛擾。
心想「果然還是在家裡做飯最好了」。

書中介紹的都是我平常在家會吃的私房菜色，
使用的都是容易取得的食材，作法輕鬆好上手。
在忙碌的每一天，相信大家更期待能享用自己做的「單品主餐」。
希望本書介紹的每一道菜，不只滿足你的胃，也能撫慰你的心靈。

吃飯囉　目次

就算什麼材料都沒有
米飯主餐

可迅速上桌的
麵食

總之就是很喜歡
麵包與麵粉料理

幸福的一碗
湯品

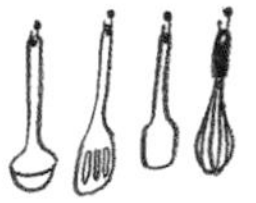

製作美味餐點的四大重點

1　準備很重要

一開始就備齊所有材料，完成事前準備，就能讓烹煮過程流暢不間斷。

2　試味道更重要

進行最後一個步驟前一定要先試味道。自己在家做飯的優點，就是能做出自己喜歡的口味。不過有一點要留意，試太多次的話，也有可能會搞不清楚真正想要的口味！

3　計量與材料標示

1大匙＝15毫升、1小匙＝5毫升、1杯＝200毫升。

材料中的「油」，如果單寫「油」，可依照個人喜好選用油品（我大多使用菜籽油）。如果想強調「用這個最理想」，食譜中就會標明「麻油」之類的具體名稱。材料中有「胡椒」的話，請用黑胡椒。可現磨的黑胡椒粒，風味會比一般的黑胡椒粉好很多，而且超市就買得到。另外，「辣椒」指的是辣椒乾，使用前要先去籽。

4　失敗為成功之母

每一道食譜中都會介紹小撇步，如果在其他材料或食譜用語上有疑問，或是做起來覺得「不太對勁」，可以參考第84頁之後的《吃飯囉》實用料理小百科。

順帶一提……

想吃的時候就是動手的時機。本書介紹的菜色，全都是實際烹調時間15分鐘左右的簡單餐點。用愉快的心情來做，做出來的飯菜一定最好吃！

就算什麼材料都沒有

米飯主餐

或許是在米鄉新潟長大，我從小就很愛吃米飯。我可以只配很少的菜，連吃好幾碗飯，到了這把年紀還這樣炫耀，不知道好不好……我覺得似乎只要有米飯，我到哪裡都能生活。

野菇清爽拌飯

一打開鍋蓋，就能感受到蒸氣中帶著幸福香氣的拌飯。
用了大量檸檬、橄欖油和醬油，說不出是哪國料理，卻有著奇妙魅力。
清爽的酸味，令人胃口大開。

材料（3～4人份）

米……2杯
香菇、蘑菇、舞菇……各1包
培根……4片
檸檬汁……1/2顆（約1大匙）
珠蔥……5根
A 醬油……1大匙
A 酒……1大匙
A 橄欖油……1大匙
鹽……1/3小匙～
胡椒……適量

準備

- 米在炊煮半小時之前先洗好放進鍋子裡，並加入2杯水（360毫升）浸泡。
- 珠蔥先切成蔥花。

作法

1　培根切成1公分寬，香菇、蘑菇切成薄片，舞菇用手剝成小朵。菇類及A放入調理盆，用手輕輕拌勻。

2　在放進米的鍋子裡依序加入培根、菇類，以大火加熱，不必蓋上鍋蓋。煮到沸騰之後再蓋上鍋蓋，調成小火加熱12分鐘。關火後悶上10分鐘。

3　打開鍋蓋，加入檸檬汁、蔥花後迅速攪拌，再用鹽、胡椒調味。

用其他菇類
也很好吃唷。記得
切成方便食用的大小。

生薑肉末咖哩

這道菜當初的發想是，希望能輕輕鬆鬆用我最喜歡的生薑做出咖哩。
帶著薑末清脆的口感，以及薑泥散發出的辛辣味道。
紅蘿蔔汁的香醇與柔和甜味，和辣味合而爲一。

材料（2～3人份）

薑……3小段
洋蔥……1/2顆
辣椒……1/2根
油……2大匙
豬絞肉……200公克
咖哩粉……1.5大匙
番茄醬……2大匙
紅蘿蔔汁……200毫升
鹽……1/3小匙～
白飯……依人數而定
水煮蛋……隨個人喜好加入

準備

- 去除生薑外皮髒污部分，其中2小段切成薑末，1小段磨成薑泥。
- 洋蔥切成碎末。

作法

1 平底鍋裡倒油加熱，加入薑末、洋蔥及辣椒，用中火熱炒10分鐘左右，直到呈現淺褐色。

2 加入絞肉，炒到上色之後繼續炒鬆，加入咖哩粉讓食材入味。

3 加入番茄醬、薑泥、紅蘿蔔汁及鹽，用小火燉煮10分鐘，不時攪拌。盤子裡盛好飯、淋上咖哩之後，依個人喜好附上水煮蛋。

栗子米糕

每到秋天，奶奶就會做加了很多栗子的醬油口味米糕。
因爲全家人都非常喜歡，就算裝滿了好幾層飯盒，也會一下子就見底。
雖然離奶奶的味道還有一段距離，但每次懷念起這一味，就會忍不住想做。

材料（2～3人份）

糯米……2杯
甘栗……2包（約20顆）
薑……1小段
叉燒肉……4片
A
蠔油……1大匙
醬油……1/2大匙
紹興酒（也可用日本酒）……1大匙
麻油……少許

準備

- 糯米在炊煮半小時之前先洗好放進鍋子裡，並加入2杯水（360毫升）浸泡。
- 薑段切末，叉燒肉切成1公分丁狀，大顆的栗子切半。

作法

1 在放進糯米的鍋子裡加入A，輕輕拌勻。
鋪上栗子、薑末、叉燒肉後，以大火加熱。
煮沸後調成極小火，蓋上鍋蓋炊煮12分鐘。
關火後再悶10分鐘。

2 淋上少許麻油，迅速拌勻。

也可以加入鮮蝦、香菇、
鵪鶉蛋、木耳等豐盛食材
做成豪華版！

馬鈴薯燉麩

過去我總以爲麵麩吃起來軟軟的，沒什麼味道，直到我發現可以做出扎實口感的作法，才大感驚訝「原來還有這種吃法」！這回不做馬鈴薯燉肉，改做馬鈴薯燉麩，放涼之後更加入味好吃。這也是家人常常指定我做的經典菜色。

材料（2人份）

車輪麵麩……3塊
洋蔥……1/2顆
馬鈴薯……1顆
麻油……1大匙
A 醬油……1大匙
A 二號砂糖……1大匙
A 酒……2大匙
水……50毫升
白飯……依人數而定（本食譜使用加入黑米的飯）

準備

- 麵麩用大量的水（份量外）浸泡5～10分鐘後，雙手擰乾麵麩中所含的水份，切成2～3等份。
- 洋蔥切成瓣狀，馬鈴薯削皮後切成一口大小。

作法

1　鍋子裡倒入麻油，以中火加熱，加入麵麩快炒。
接著加入洋蔥、馬鈴薯及A拌炒。

2　火力稍微調弱後加水，蓋上鍋蓋燉煮，不時攪拌，
煮到馬鈴薯變軟，湯汁幾乎收乾。
（過程中要是快煮乾，就適量加水。）
盤子裡盛上飯，再加入馬鈴薯燉麩。

麵麩要好吃，
關鍵就在於多用一點油。
調味重一點的話，也很下飯。

焗烤紅蘿蔔炒飯

以前全家人晚上一起上館子時，只有爺爺點的焗飯要等很久，好不容易上菜時，一看到容器這麼小，我們小孩子都覺得好失望。直到很久之後，我們才了解這道以烤箱慢火焗烤的料理，口味濃醇，份量小卻令人大大滿足。

材料（2人份）

紅蘿蔔炒飯

米……1杯
紅蘿蔔泥……3大匙（1/3～1/2根）
罐頭鮪魚……1/2小罐
醬油……1/2小匙
鹽……2撮
胡椒……適量

白醬

洋蔥……1/4顆
油……1/2大匙
低筋麵粉……1大匙
豆漿……200毫升
鹽……1/4小匙
胡椒……適量

熱熔乳酪……適量

準備

- 米在炊煮半小時之前先洗好放進鍋子裡，再加入1杯水（180毫升）浸泡。
- 洋蔥切成薄片。

作法

1 先做紅蘿蔔炒飯。在放入米的鍋子裡加入紅蘿蔔泥、醬油、鹽、胡椒後拌勻，鋪上鮪魚後以大火加熱，煮沸後蓋上鍋蓋，再用極小火炊煮10分鐘。關火後再悶10分鐘，輕輕攪拌。

2 製作白醬。平底鍋中倒入油，以中火熱鍋炒洋蔥。洋蔥炒軟後撒入低筋麵粉拌勻，繼續炒到沒有顆粒，再慢慢加入豆漿攪拌均勻。持續攪拌下，用小火滾2～3分鐘，呈現黏稠糊狀後，用鹽、胡椒調味。

3 將紅蘿蔔炒飯盛入耐熱容器，輕輕淋上白醬，鋪上熱熔乳酪後放進烤箱，用攝氏200度烤到乳酪融化（大約5～10分鐘）。

奶醬裡加入菇類或青花菜也很好吃。如果沒有烤箱，也可以用烤吐司的小烤箱來烤。

豆皮香鬆三色便當

賞心悅目的三色便當。豆皮香鬆的美味關鍵，
在於挑選口感扎實的金黃色油豆皮。價格或許稍高一些，
但使用高品質的油來油炸，香醇不油膩，也不需要先去油，非常推薦。

材料（2人份）

豆皮香鬆

油豆皮……2片
醬油……1大匙多一點
二號砂糖……1大匙
酒……1大匙
薑汁……1小匙（約1小段）

白飯……依人數而定

炒蛋

蛋……2顆
二號砂糖……1小匙
鹽……2撮

涼拌蘿蔔葉

蘿蔔葉（蕪菁葉亦可）……10公分左右
柴魚片……2撮
醬油……少許

準備

- 油豆皮盡量切細（用食物處理機很方便）。
- 準備好薑泥榨汁。
- 用手將柴魚片撕碎。

作法

1 炒豆皮香鬆。
鍋子裡加入醬油、砂糖、酒、切碎的油豆皮，用中火慢炒2～3分鐘。炒到乾鬆，酒精完全揮發即可。最後淋上薑汁，輕輕拌勻後關火。

2 炒蛋。
調理盆裡加入蛋、砂糖、鹽後充分攪拌。蛋液倒入平底鍋中以小火加熱，用4根筷子持續攪拌，炒鬆之後關火。

3 蘿蔔葉洗淨，放入加了少許鹽（份量外）的熱水中汆燙。切碎後擰乾水分，撒上柴魚片，淋少許醬油拌勻。把白飯盛入容器，再鋪上以上材料。

胡桃海苔卷

在我的故鄉新潟，無論是拌飯、紅燒菜，或是海苔卷，都少不了煮得鹹鹹甜甜的山胡桃。我好喜歡胡桃，甚至會只挑出胡桃來吃。這種滋味豐富的食材，出現在日常的餐桌上，也對我現在的飲食帶來根深蒂固的影響。

材料（約4卷長20公分的海苔卷）

米……2杯
昆布（邊長5公分的方形）……1片
壽司醋……醋3大匙、砂糖2大匙、鹽1.5小匙
海苔……4片
小黃瓜……1根
蛋……蛋2顆、二號砂糖1小匙、鹽1撮
胡桃……胡桃40公克、二號砂糖2小匙、醬油1小匙、水1大匙
蝦鬆……蝦仁10尾、砂糖1小匙、鹽1撮、酒2小匙

準備

- 米在炊煮半小時之前先洗好放進鍋子裡，並加入2杯水（360毫升）浸泡。

作法

1 製作壽司醋。醋放進小鍋子裡，以小火輕輕加熱，留意不要讓醋濺出來，加入砂糖、鹽，攪拌融化。

2 製作壽司飯。昆布鋪在米上，以大火加熱，煮沸後蓋上鍋蓋，再用極小火炊煮12分鐘。關火後再悶10分鐘，把飯盛進調理盆裡，加入壽司醋，用飯匙切拌，放涼後用一塊溼布蓋上。

3 小黃瓜……縱切成細長的4等份。
蛋……加入砂糖、鹽拌勻後煎成蛋卷，切成細長條。
胡桃……胡桃切碎。在平底鍋內加入砂糖、醬油、水，以中火炒到砂糖融化。沸騰且變黏稠後，加入胡桃拌勻，放涼備用。
蝦仁……用熱水汆燙後剁碎（用食物處理機很方便）。加入調味料，用中火炒2～3分鐘，變得乾鬆為止。

4 海苔放在竹簾（或是保鮮膜）上，鋪上1/4的壽司飯攤平，頂端留5公分左右不要鋪飯。在中間鋪上各項材料，朝飯的另一頭壓緊捲起，最後依照喜好的大小切開。用麵包刀（連同保鮮膜一起切）會切得比較整齊美觀。

洋蔥紅酒牛肉燴飯

二十幾歲時，我住在一間小公寓裡，有朋友餓著肚子來家裡玩時，我就會簡單做能填飽肚子的牛肉燴飯。那時因爲沒什麼錢，會加很多洋蔥來增添份量，沒想到朋友反倒覺得這樣很好吃。

材料（2人份）

洋蔥……1顆
洋菇……1包
牛肉（薄片）……100公克
鹽、胡椒……適量
油……1大匙
低筋麵粉……1大匙
A
紅酒……50毫升
水……150毫升
味噌……1/2大匙
番茄醬……2大匙
醬油……1大匙
二號砂糖……1大匙
奶油……1小塊
青豆（罐頭或新鮮水煮）……適量
白飯……依人數而定

準備

- 洋蔥縱向切半，沿著與纖維垂直方向，切成1公分寬薄片（圖1）。
- 洋菇切半。
- 牛肉切成一口大小，撒些許鹽、胡椒調味。

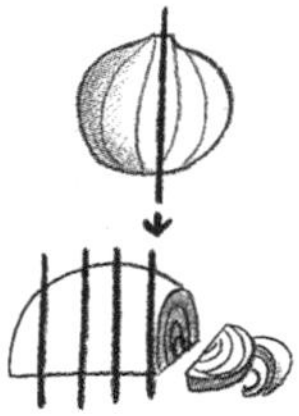

（圖1）

作法

1　鍋子裡倒油燒熱，用中火將洋蔥炒到軟，再加入洋菇、牛肉，炒到牛肉變色。

2　撒入低筋麵粉，炒到沒有顆粒之後先關火，加入A。再重新加熱並不時攪拌，用小火燉煮約10分鐘。

3　最後起鍋前加一小塊奶油。要是覺得酸味重，可以加點鮮奶或豆漿（另外準備）。白飯跟燴牛肉一起盛盤後，撒幾顆青豆裝飾。

豆腐茄子乾咖哩

我喜歡外頭餐廳那種耗時費工做的咖哩，但如果在家吃的話，還是偏好簡單方便的作法。口感溼潤的豆腐，搭配炒得軟爛的茄子和香料，堪稱絕佳組合。
若想凸顯豆腐的口感，我最愛的吃法就是冷咖哩配熱騰騰的白飯。

材料（2人份）

木棉豆腐……1塊
茄子……2根
洋蔥……1/2顆
大蒜……1瓣
辣椒……1/2根
油……3大匙
A 咖哩粉……1大匙
A 番茄醬……2大匙
A 味噌……1小匙
鹽……適量
白飯……依照個人喜好而定

準備

- 豆腐瀝乾水分
- 茄子切成一口大小，在加入少許鹽（份量外）的水中泡2～3分鐘後，瀝乾水分備用。
- 洋蔥、大蒜切碎。

作法

1　鍋子裡倒入2大匙油加熱，用中火快炒茄子。
不要翻攪太多次，炒到上色後先起鍋。

2　在同一只鍋子裡再加1大匙油，放入洋蔥、大蒜、辣椒後，慢炒10分鐘左右，直到食材變成淡褐色。

3　先關火，加入A，待食材入味後，用手把豆腐剝成小塊，加入拌勻。
以小火加熱5分鐘，不時攪拌到煮熟後，加入茄子，用鹽調味。

白飯的好朋友

每天該攝取的食材百百種，但是冰箱塞得太滿，
讓人很有壓力，因此原則上我不太做保久食品。
話說回來，冰箱裡如果常備保存期限長又下飯的小菜，卻也令人安心許多。
只是，往往會因為抵擋不了美味，結果吃了太多……

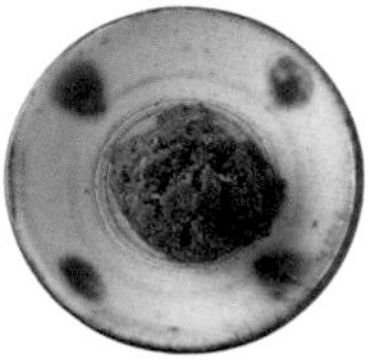

蛋味噌

從小我就常央求媽媽做這道加了蛋的甜味噌。
每個家裡用的味噌鹹味各有不同，請依照個人喜好調整甜度。

材料（方便製作的份量）

蛋……2顆

A
- 味噌……2大匙
- 二號砂糖……3大匙
- 酒……2大匙

作法

1 鍋子裡加入A，以中火加熱。用刮刀攪拌至砂糖完全溶解。

2 煮到沸騰開始冒泡後，加入打散的蛋液，不斷以刮刀攪拌，用小火燉煮2～3分鐘。

韓式羊栖菜

散發濃濃麻油香氣、甜甜鹹鹹的羊栖菜，
拌進剛煮好的白飯，好吃到停不下筷子。

材料（方便製作的份量）

羊栖菜……1包（約30公克）

A
- 醬油……2大匙
- 味醂……2大匙
- 二號砂糖……1大匙

麻油……1小匙

白芝麻……1大匙

作法

1 羊栖菜先用水泡軟後，撈起瀝乾水分。

2 在鍋子裡加入羊栖菜及A，用中大火炒5分鐘左右，直到水分收乾。加入麻油、白芝麻拌勻。

香辣茄汁蘿蔔乾

平時多用高湯燉煮的蘿蔔乾，做成茄汁口味新鮮又好吃。
口感爽脆，最適合當下酒小菜。煮到湯汁收乾可以保存得久一點。

材料（方便製作的份量）

蘿蔔乾……1包（約50公克）

水煮番茄罐頭……1罐（400公克）

大蒜……1/2瓣

A
- 橄欖油……1大匙
- 辣椒……1/2根
- 醬油……1大匙

鹽……適量

作法

1 蘿蔔乾放入水中浸泡，水量需高過蘿蔔乾，泡到保留一點硬度為止（浸泡約10～15分鐘）。

2 鍋子裡放入番茄，用叉子背面將番茄搗碎。

3 加入用菜刀背面壓碎的大蒜，以及瀝乾水分的蘿蔔乾和A，拌勻後以中火加熱到水分收乾。

4 撒點鹽來調味。

滑菇醬

自己在家做，經濟又美味。
一次多做一點，分贈親友，相信大家都會很開心。

材料（方便製作的份量）
金針菇……2把
醬油……1.5大匙
味醂……2大匙

作法
1 金針菇切成3公分長。
2 鍋子裡加入所有材料，蓋上鍋蓋以中火煮到沸騰，掀開鍋蓋再煮3分鐘左右。

惜福拌飯香鬆

有效使用製作沾麵露的食材。
切一小塊乳酪拌在一起，做成飯糰也很好吃。

材料（方便製作的份量）
柴魚片及昆布
（P.50完成沾麵露後，
取用高湯剩下的部份即可）
小魚乾……1大匙
白芝麻……1小匙

作法
1 將柴魚片、昆布切碎（用食物處理機很方便）。
2 放進鍋子裡，用小火炒3～5分鐘到水分收乾。
3 放涼之後加入小魚乾、白芝麻拌勻。

軟昆布

平常做高湯使用的昆布，加醋一起煮口感就變軟了。
許多人看到桌上有這道小菜，都會覺得很開心。

材料（方便製作的份量）
昆布（取用高湯剩下的）……
切碎後取大約1碗的份量
醋……1大匙
醬油……1大匙
味醂……1大匙
水……200毫升～

作法
1 鍋子裡加入所有材料，用中小火加熱，燉煮到昆布變軟，水分完全收乾。

做高湯剩下的昆布可以冷凍保存，累積到大約一碗的份量就可以做了。

聊聊米與鍋炊飯

「米還有嗎？要不要再寄點過去給你？」我從小就非常愛吃米飯，反倒菜只要配一點點就可以。住在新潟的父母知道我對米飯的喜愛，經常打電話來關切米吃完了沒。每次必定先講到米，接著才互道近況，我搬到東京已經二十年，這個習慣到現在都沒變。想必是看我都沒跟家裡聯絡，父母難免擔心吧。

我家裡沒有電鍋，收到老家寄來的米，幾乎都是用鍋子炊煮。聽到用鍋子煮飯，不僅跟我年紀差不多的人，就連長輩也常會問：「這樣不會很麻煩嗎？」但其實非常簡單省時，或許更適合較忙或沒時間煮飯的人也說不定喔。

先把米放進鍋子裡加熱時，還能順手做一、兩道簡單料理。如果你做的是什錦炊飯或拌飯，甚至光有這一道就能獲得大滿足。希望各位也能開始嘗試用鍋子來輕鬆炊飯。

可迅速上桌的

麵食

調理時間短、步驟簡單、輕鬆就可完成，是麵食的優點。蕎麥麵、義大利麵、烏龍麵、素麵……無論冷熱皆美味，麵食還有各式各樣的吃法，可以充分享受多重樂趣。

員工餐筆管麵

我第一次吃到的「員工餐」就是這道筆管麵。廚師前輩笑著說，什麼料都沒有，只有番茄唷。沒想到「只有番茄」竟能如此美味！
這道麵的精神就在於「減法」而非「加法」。重點就是選用美味的食材。

材料（2人份）

水煮番茄罐頭……1罐（400公克）
大蒜……1瓣
A 辣椒……1/2根
A 橄欖油……2大匙
A 鹽……1/2小匙
胡椒……適量
筆管麵……160公克
帕瑪森乳酪（削碎）……適量

準備

- 大蒜事先磨泥。
- 燒一鍋下筆管麵的熱水。

作法

1 鍋子裡加入番茄，用叉子背搗碎（我都是用手捏碎），加入大蒜和A，以中火加熱。
不時攪拌，煮沸後繼續燉煮5～7分鐘，煮到剩下約一半的量，覺得水分變少，出現黏稠感即可。撒點胡椒。

2 用加入鹽（份量外。2公升的熱水大約用1匙鹽）的熱水，依照包裝上的時間煮筆管麵。
快煮好時，重新加熱番茄醬汁，加入筆管麵。
麵與醬汁拌勻後盛盤，依照個人喜好撒上乳酪。

要是番茄醬汁太酸，
可以加一小撮糖調整。

綠咖哩沾麵

我最喜歡泰式椰汁咖哩了！之前靈光一閃，心想或許能用平常買的咖哩醬「自己做看看」。於是，我使用一般容易買到的香料蔬菜，鹹度與辣度都能依照自己喜好調整。加入大量椰奶的溫和口味，非常適合沾麵吃。

材料（2人份）

綠咖哩醬

A
- 大蒜、薑……各1小段
- 青辣椒（新鮮）……1包（約10根）
- 香菜……2把
- 羅勒……10片

味噌……1小匙
二號砂糖……1小匙
鹽……1/2小匙
橄欖油……2大匙

干貝（生食用）……3顆
糯米椒……3根

水……1杯
椰奶……1罐（400毫升）
魚露……1大匙
檸檬汁……1大匙（約1/2顆）
鹽……適量
烏龍麵（類似稻庭烏龍麵的細麵條）
……依個人喜好的份量

準備

- 干貝切半。
- 糯米椒去蒂，切成小段。
- 燒一鍋下麵用的熱水。
- 綠咖哩醬的材料A切碎

作法

1 綠咖哩醬的材料，全部用食物處理機或研缽打成泥狀。

2 綠咖哩醬加入鍋子裡，用小火炒到出現香氣。
加入干貝跟糯米椒拌炒。

3 加水後調成中火，煮沸後先撈掉雜質浮泡，接著加入椰奶、魚露，稍微煮到食材熟即可（不要燉太久），加入檸檬汁。最後用鹽調味。

4 烏龍麵依照包裝袋的說明煮熟後，瀝乾水分。沾著綠咖哩醬吃。

可依照個人喜好加入各種配料，
像是菇類、茄子、罐頭鮪魚等，
都很好吃。當然也適合配飯。

蘘荷炒細麵

「我不太喜歡蘘荷」、「蘘荷只能用來當佐料吧」有這種想法的人還不少，但實在太可惜啦！其實蘘荷跟油很搭，簡單熱炒一下就會非常好吃。多說無益，直接做來吃吃看就知道。

材料（1人份）

蘘荷……3顆

白麻油……1大匙

素麵（用稍微粗一點的麵條）……80公克

日式白高湯（3倍濃縮的沾麵露亦可）……1/2大匙

鹽、胡椒……適量

準備

- 蘘荷縱向切半後切成薄片。
- 先燒一鍋下麵用的熱水。

作法

1 平底鍋裡倒入白麻油以大火加熱，加入蘘荷炒約1分鐘到變軟，撒一點點鹽之後關火。

2 依照包裝袋上的說明煮熟素麵，瀝乾水分後加到**1**的平底鍋中，以中火加熱，再淋上日式白高湯拌炒均勻。炒太久麵會糊掉，炒到溫熱即可。試一下味道，用鹽、胡椒調整。

煮好的素麵撈起來之後壓一下，充分瀝乾水分，味道才不會變淡。

越式沙拉拌麵

這是我過去在越南餐館工作時最喜歡的一道菜。
正統作法應該要用河粉，不過我每次都用類似的素麵來替代。
好吃的祕訣就在於洋蔥不要炒過頭，保持近全生的口感，吃起來才爽脆。

材料（2人份）

牛肉（薄片）……100公克

A
- 魚露……1小匙
- 二號砂糖……1小匙

醬汁

魚露……2大匙
二號砂糖……1.5大匙
辣椒……1/2根
大蒜……1/2瓣
熱水……100毫升
檸檬汁……1大匙（約1/2顆）

洋蔥……1/2顆
油……1大匙
小黃瓜……1/2根
珠蔥……4根
香菜……適量
素麵……160公克

準備

- 牛肉切成一口大小，加入A抓拌一下備用。
- 辣椒切成小段，大蒜切末，將醬汁材料混合。放涼之後再加入檸檬汁。
- 珠蔥切成蔥花，小黃瓜切成方便食用的細絲，香菜切碎。
- 洋蔥沿著與纖維垂直方向，切成1公分寬薄片。

作法

1　素麵依照包裝袋上的說明煮熟，瀝乾水分後盛盤，鋪上小黃瓜絲。

2　平底鍋裡倒油，用大火加熱炒洋蔥。
洋蔥都裹上油之後，加入牛肉，快炒到上色。

3　將**2**連同肉汁淋到麵上，撒上蔥花、香菜。
享用時可依喜好淋上醬汁，攪拌均勻。

用細的烏龍麵來做
也很好吃唷。

酒粕烏龍麵

材料(2人份)

牛蒡……20公分(約1/2根)
豬五花薄片……100公克
酒……1大匙
水……600毫升~
酒粕……100公克
沾麵露(參考p.50的作法)
……150毫升
冷凍烏龍麵……2球
珠蔥……大量

準備

- 珠蔥切成蔥花,豬五花肉切成1公分寬,牛蒡削成竹葉狀薄片後泡水。

作法

1 鍋子裡加入牛蒡、豬肉,淋點酒,以大火炒到豬肉上色。

2 加水用中火加熱,煮沸後撈掉雜質浮泡,火力調弱一點,燉煮到牛蒡變軟。(燉煮過程若水分變少,可以再適量加水)
取少量湯汁到碗裡,加入撕成小塊的酒粕,攪拌到酒粕溶解備用。(有小顆粒殘留無所謂,燉煮後自然會溶入湯中)

3 加入沾麵露、酒粕後,試試味道。煮沸後直接加入冷凍烏龍麵,撥散之後再加熱到煮沸。關火前撒上大量蔥花。

蛋花烏龍麵

撫慰身心的好滋味。每次精神不佳或是感冒時，吃碗蛋花烏龍麵再鑽進被窩裡，就覺得全身放鬆許多。右頁的酒粕烏龍麵滋味濃醇，令人回味無窮，搭配任何蔬菜都適合，或許可視為日本引以自豪的奶油燉菜。

材料（2人份）

烏龍麵（乾燥或冷凍皆可）
……80公克
沾麵露（可參考P.50的作法）
……60毫升
水……240毫升～
葛粉液……葛粉1小匙、水1大匙
蛋……1顆
薑汁……1小匙（約1小段）

準備

- 薑磨泥之後榨汁備用。

作法

1 烏龍麵依照包裝袋上說明煮熟後泡冷水，讓麵條更有嚼勁。

2 鍋子裡加入沾麵露及水，依喜好調整濃度，以中火加熱。
煮沸之後調成小火，加入烏龍麵，再次煮滾之後加入葛粉液勾芡。

3 以畫圈方式淋入打散的蛋液，煮熟後加入薑汁並關火。

如果使用市售的沾麵露，
記得先調整到合口味的濃度。

豪華中式涼麵

我喜歡在餐廳吃加了很多配料的涼麵，不過自己做的時候用料非常簡單，中式醬汁則會用較好的食材，多費點工夫來做。酪梨的濃醇口感，融合番茄的酸味與醬汁後，口味清爽，令人滿足。

材料（2人份）

中式醬汁

A
- 乾干貝……1顆
- 蝦米……1大匙
- 薑、大蒜……各1小段
- 辣椒……1/2根

麻油……1大匙

B
- 蠔油……2/3大匙
- 醬油……1小匙
- 味噌……1/2小匙
- 二號砂糖……1大匙

醋……1大匙

番茄（中型）……2顆

酪梨……1顆

中式麵條……2球

準備

- 先燒一鍋下麵用的熱水。
- 將乾干貝和蝦米用50毫升的熱水浸泡超過30分鐘後切碎，泡過的湯汁留下備用。
- 薑、大蒜、辣椒切碎。
- 番茄和酪梨切成方便食用的大小。

作法

1 製作中式醬汁。平底鍋中倒入麻油加熱，用中小火炒A。
炒香之後繼續炒2～3分鐘。
加入B和泡干貝、蝦米的湯汁，拌勻後以小火煮2～3分鐘，放涼備用。

2 在**1**中加入醋、番茄，攪拌一下等待入味。
再加入酪梨拌一下。

3 中式麵條依照包裝袋的說明煮熟後沖冷水，再瀝乾水分備用。
麵條盛盤後淋上**2**，攪拌均勻後食用。

中式醬汁放在冰箱冷藏
可以保存大約一星期，
用來炒菜、炒飯、炒麵都行，
用途相當廣泛。

越式烏龍麵

我去越南學做菜時，看到無論大人、學生早上都會坐在路邊攤的小椅子上，大啖一碗河粉。這是日本人也很熟悉的順口麵食，品嚐時令人彷彿置身越南。只要用絞肉就能輕鬆製作高湯，無論早晚，隨時都想來上一碗。

材料（2人份）

雞絞肉……100公克
水……600毫升
薑……1小段
洋蔥……1/4顆
酒……2大匙
魚露……1.5大匙
鹽……適量
烏龍麵
（使用類似稻庭烏龍麵的乾燥細麵）
……160公克
配料

紫蘇葉……6片
珠蔥……5根
辣椒……1/2根
檸檬……1/4顆
準備

- 先燒一鍋下麵用的熱水。
- 將小段薑切薄片，洋蔥沿著與纖維垂直方向切薄片，珠蔥切成蔥花。
- 紫蘇葉撕碎。
- 辣椒切成小段，檸檬切半。
作法

1　鍋子裡加入雞絞肉和水，把絞肉撥鬆，加入薑片後用大火加熱。
煮沸之後撈掉雜質浮泡，加入酒和魚露，用小火燉煮約10分鐘。
試過味道之後用鹽調味，關火之前加入洋蔥。

2　烏龍麵依照包裝袋的標示煮熟後泡冷水，瀝乾水分後加入湯汁中，加熱後盛入碗中。
撒上紫蘇、蔥花、辣椒，食用時擠點檸檬汁。

蒜片辣椒蕎麥麵

自從有一次隨手拿蕎麥麵代替義大利麵來做之後，這道蒜片辣椒蕎麥麵就令我百吃不厭。有嚼勁的蕎麥麵，跟講究「彈牙」（Al Dente）的義大利麵不僅有異曲同工之妙，跟橄欖油也很搭。這道麵食好吃的關鍵就在於最後攪拌時要用大火迅速拌勻，以免麵條糊掉。

材料（2人份）

大蒜……1瓣
辣椒……1/2根
橄欖油……2大匙

蕎麥麵……160公克
水菜……1把

沾麵露（參考P.50的作法）……1大匙
鹽、胡椒……適量

準備

- 先燒一鍋下麵用的熱水。
- 水菜洗乾淨之後切成5公分長段。
- 大蒜拍碎備用。

作法

1　平底鍋中倒入橄欖油，大蒜、辣椒用小火爆香之後先關火。

2　蕎麥麵依照包裝袋的說明烹煮後泡冷水，再瀝乾水分備用。

3　**1**的平底鍋再次加熱，加入蕎麥麵、水菜、沾麵露迅速拌勻。
用鹽、胡椒調味。

蕎麥麵三吃

我超愛蕎麥麵，甚至早、中、晚三餐都吃也沒問題。
到外頭餐廳吃那種「極度美味且高級」的蕎麥麵也不錯，
但問題就出在份量太少！
想盡情大快朵頤的話，在家自己做最好。
（如果一不小心煮太多，還能下一餐用來做「蒜片辣椒蕎麥麵」！）

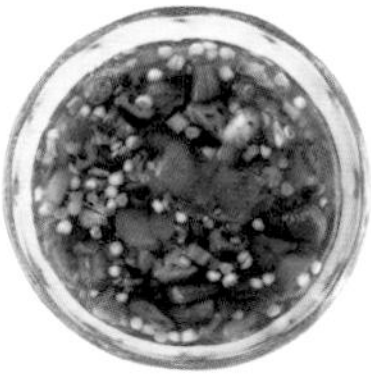

梅肉碎秋葵

黏呼呼的美味秋葵，切碎後更容易拌入麵條。
醃梅乾建議挑選不太甜、梅肉多一點的。

材料（2人份）

秋葵……10根
醃梅乾（不太甜且梅肉較厚實的）……1顆
沾麵露（參考下方作法）……100毫升
水……150毫升～
鹽……適量

作法

1 秋葵上撒點鹽，在砧板上來回搓揉，去除表面細毛。

2 放入加了一撮鹽的熱水中迅速汆燙。

3 去籽的醃梅乾及秋葵用菜刀剁碎，加入沾麵露和水，依喜好調整濃度。

蕎麥麵……依人數而定
蕎麥麵依照包裝袋的說明烹煮，浸泡在冷水中，之後瀝乾水分備用。

基本沾麵露的作法

材料（約250毫升）

味醂……50毫升
醬油……100毫升
水……200毫升
二號砂糖……2大匙
柴魚……1撮
昆布（邊長5公分的方形）……1片

作法

1 所有材料放進小鍋子裡，用中火加熱到煮沸後，調成小火再熬3分鐘左右。

2 放涼之後過濾渣滓。裝進乾淨的瓶子裡，放入冰箱冷藏可保存約5天。

本書裡有多種麵食都會用到沾麵露。做完後剩下的柴魚片跟昆布，還可再利用做成拌飯料。

什菇熱湯

不需要高湯，光是加了菇類的鮮甜湯頭，搭配麵條就很棒。疲勞時來上一碗，就能溫暖身心。

材料（2人份）

菇類（香菇、金針菇、舞菇）……各1包

A
- 酒……2大匙
- 醬油……3大匙
- 味醂……2大匙

水……500毫升

鴨兒芹……依個人喜好添加

作法

1 鴨兒芹切段。
菇類盡量切細（用食物處理機很方便）。

2 鍋子裡加入菇類及A，用中火拌炒到菇類變軟，煮沸後加水。
再次沸騰後撈掉雜質浮泡，繼續煮5分鐘左右，盛到碗裡撒上鴨兒芹。

胡桃醬

胡桃用水迅速沖洗，不僅可以去除澀味，也能散發高雅香氣。做成醬料口感濃醇，很適合沾烏龍麵享用。

材料（2人份）

胡桃……100公克

沾麵露（參考右頁作法）……120毫升

水……150毫升～

作法

1 胡桃放進篩網，用水迅速沖洗。

2 用研缽或食物處理機將胡桃打細後，慢慢加入沾麵露，調成糊狀。
依喜好加水調整濃度。

麵條與麵包

我們家平常很少買大量食材囤積，但只要在超市發現看起來很好吃的乾麵條，就會忍不住買回家，而且常常是因為包裝好看就買，沒想到味道通常也令人很滿意。其實說起麵食，我先生做的比我還好吃。我們兩人都在家吃午飯時，經常是他做給我吃。

不過，老是吃飯啊、麵的，偶爾也會覺得「啊，好想吃麵包哦！」（不會只有我這樣吧?!）吃麵包就是這麼隨興，像是早上簡單沖杯咖啡，配上幾口工作時做的夾餡麵包，試試口味，或是興之所至突然去買條吐司、法國棍子麵包，結果經常吃不完放到變硬。於是麵包經常被我拿來做成法式吐司或是三明治。

無論甜的、鹹的，用麵包做一餐雖然得多花點工夫，但是對我而言，麵包料理比米飯或麵食更加自由隨興。

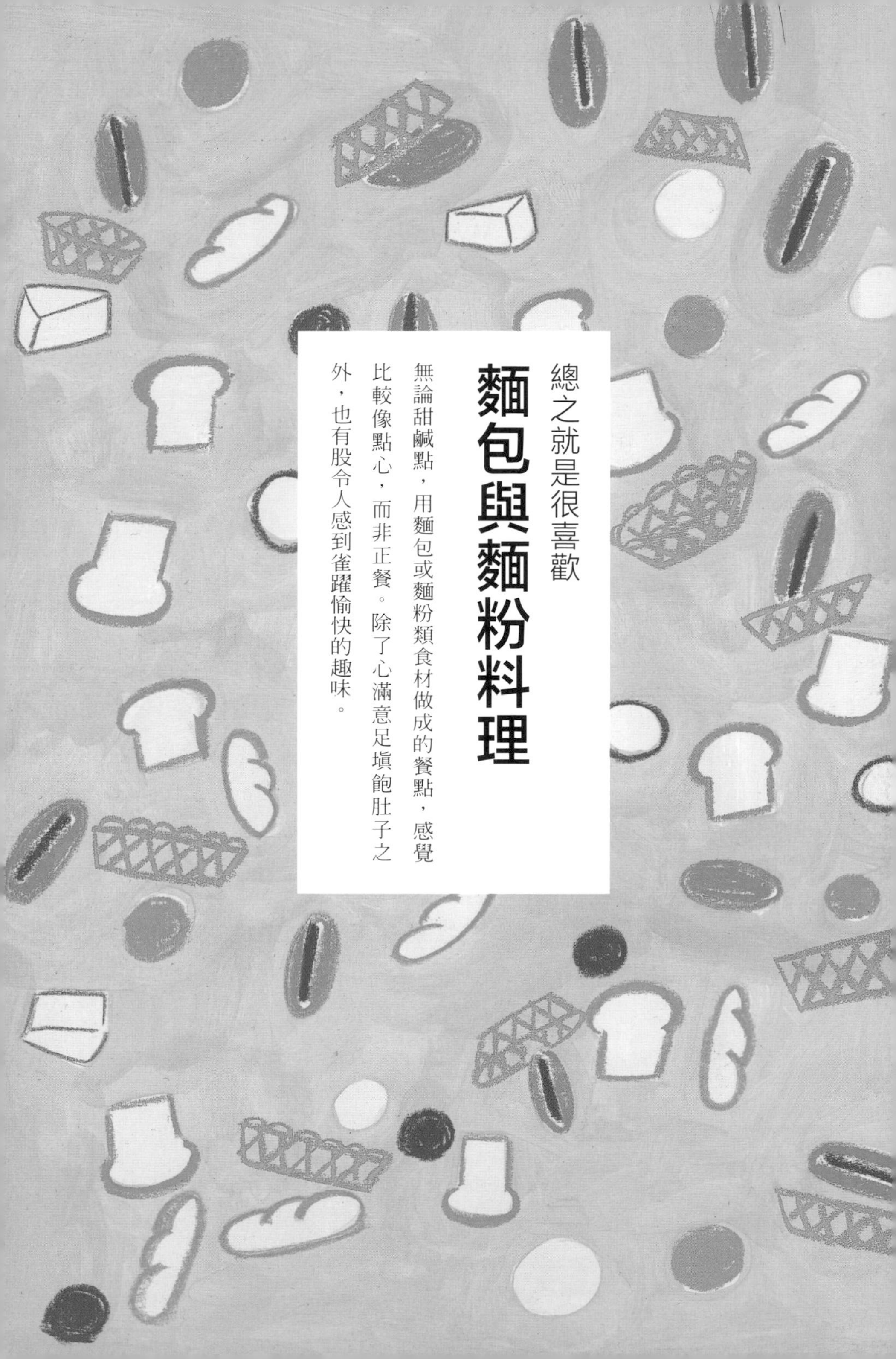

總之就是很喜歡

麵包與麵粉料理

無論甜鹹點，用麵包或麵粉類食材做成的餐點，感覺比較像點心，而非正餐。除了心滿意足填飽肚子之外，也有股令人感到雀躍愉快的趣味。

越式三明治

越式三明治是用法國棍子麵包做的三明治，在越南是常見的路邊攤小吃。
奶油、醃菜，加上肉片，三種味道組合成一股說不出的懷舊滋味。
其實我到現在還是好喜歡這種三明治，甚至想自己擺攤來賣。

材料（1人份）

法國棍子麵包……15公分
叉燒肉……2片
紫蘇葉……2片
小黃瓜（切片）……2片
香菜……適量
奶油、魚露……適量

醃菜（方便製作的量）

蘿蔔……5公分
紅蘿蔔……5公分
鹽……1撮
A 二號砂糖……1大匙
A 醋……2大匙
A 水……1大匙
魚露……1小匙

作法

1 製作醃菜。蘿蔔和紅蘿蔔切絲，放進調理盆裡撒點鹽，輕輕抓拌後靜置約10分鐘，然後擰乾水分。

2 A倒入鍋子裡，用小火溫熱讓砂糖溶化，加入魚露跟**1**，醃漬1小時以上（如果想馬上吃，就用手抓拌）。
※醃菜放冰箱冷藏可保存2～3天。

3 法國棍子麵包用小烤箱稍微烤一下，從側邊切開，塗上奶油。夾入紫蘇葉、小黃瓜片、叉燒肉片、醃菜和香菜後，表面淋一點魚露（也可以淋上叉燒豬肉的醬汁）。

叉燒肉的簡單作法

材料

豬肩里肌肉（一大塊）……500公克
薑片……1小段切片
長蔥的蔥綠部分……1根切段

A 魚露……1大匙、二號砂糖……2大匙
A 醬油……2大匙、蜂蜜……1大匙
A 酒……3大匙、水……150毫升

作法

1 壓力鍋裡倒入少量的油（另外準備），用大火將豬肉煎到每一面都上色。

2 先關火，加入薑片、蔥段和A拌勻，蓋上鍋蓋開大火加熱。加壓之後調成小火加熱15分鐘。放涼之後再開鍋蓋。
用竹籤能刺穿肉的正中央，並流出透明的肉汁即完成。

3 湯汁繼續熬至黏稠，肉放涼之後切薄片。

法式吐司

吸飽滿滿蛋液的吐司，用小火耐心煎成漂亮的金黃色。
即使是從小就吃慣的味道，只要掌握訣竅，仍會覺得「果眞好吃哪」。
做好後，別忘了要不計成本，淋上大量的楓糖漿。

材料（2人份）

吐司（4片切的厚度，約3公分）……1片

A
- 蛋……1顆
- 牛奶（或豆漿）……100毫升
- 二號砂糖……2大匙

楓糖漿……適量

奶油……適量

培根……4片

作法

1 將A充分混合後倒入大盤子裡，吐司切成4等份並排放好，不要重疊。至少靜置超過1小時，過程中記得翻面，讓吐司充分吸飽蛋液。

2 用平底鍋將培根煎得香脆，盛盤備用。

3 把平底鍋上煎培根留下的油擦乾淨，放入一小塊奶油，用中小火慢慢煎吐司。一面煎到金黃色之後翻面，蓋上鍋蓋，繼續煎到上色。
想要吃起來鬆軟，重點就在於不要以鍋鏟用力壓吐司。
裝盤後淋上楓糖漿。

熱狗麵包套餐

小時候我跟爸爸去賽馬場時，爸爸會買熱狗給我吃。
我很喜歡番茄醬，但很怕辣辣的芥末醬。現在在家自製番茄醬，可以依照自己的喜好調整，真是開心。我很愛吃這種偏大人的口味。

材料（2人份）

熱狗……2根
夾熱狗的麵包……2個
醃黃瓜……2條
芥末醬……2小匙
番茄醬……依個人喜好

準備

- 醃黃瓜剁碎備用。

作法

1　麵包先用小烤箱烤熱，從中間切開，塗上芥末醬。
2　熱狗煎熟。將熱狗、番茄醬、醃黃瓜夾進麵包裡。再依個人喜好附上烤薯塊。

自製番茄醬的作法

材料（方便製作的份量）

A
水煮番茄罐頭……1罐（400公克）
洋蔥……1/4顆
大蒜……1/4瓣

B
月桂葉……1片
鹽……少於1小匙
二號砂糖……1大匙

醬油……1/2小匙
醋……1小匙

作法

1　將A放進食物處理機或果汁機，打成糊狀。
2　鍋子裡加入**1**和B，以中火加熱，邊熬煮邊收湯汁。
熬煮約10分鐘後等到水分變少、出現黏稠狀時，就加入醬油和醋，再滾一下。
最後用鹽（份量外）來調味。放在冰箱冷藏可保存約5天。

烤薯塊的作法

材料（方便製作的份量）

馬鈴薯……2顆
鹽……2小撮
胡椒……少許
橄欖油……1大匙
大蒜……1瓣

準備

- 烤箱先預熱至攝氏180度。

作法

1　馬鈴薯洗乾淨，帶皮切成一口大小。
2　調理盆裡加入馬鈴薯、鹽、胡椒、橄欖油，以及壓碎的大蒜，用手拌勻。
全部材料放進耐熱大盤裡，以預熱至攝氏180度的烤箱烤20分鐘。

照燒蔬菜堡

這道漢堡中的「肉排」是用蔬菜和豆類做的，裹上滿滿的照燒醬汁。
材料乍看之下很多，其實步驟非常簡單。素排搭配大量蔬菜，加上濃淡得宜的調味，吃起來舒服，肚皮跟心情都極度滿足。

材料（1個漢堡）

醬汁

醬油……1大匙
味醂……1大匙
砂糖……1大匙
水……1大匙
蒜泥……少許

漢堡麵包……1個
生菜……1片
小黃瓜（切片）……2片
酪梨（切片）……1/4顆
番茄（切成1公分厚的圓片）……1片
美乃滋……1大匙

素排

※方便製作的份量，3片

洋蔥……1/4顆
舞菇……1/2包
麵包粉……1/2杯
鷹嘴豆（燙熟）……1/2杯（約80公克）
A
低筋麵粉……1.5大匙
鹽……1/4小匙
胡椒、肉豆蔻……少許
油……1.5大匙

準備

- 洋蔥、舞菇切碎，鷹嘴豆用研缽或食物處理機打成細泥。

作法

1 製作素排。平底鍋內先倒入1/2大匙的油，以中火加熱，加入切碎的洋蔥和舞菇，拌炒2～3分鐘到炒軟後，放涼備用。
2 在調理盆中加入**1**、麵包粉、鷹嘴豆泥，以及A，充分攪拌。分成3等份之後，捏塑成手掌大的漢堡排。
3 平底鍋倒入剩下的1大匙油，用中火將素排煎到金黃，翻面後調整成小火，蓋上鍋蓋。繼續煎5～7分鐘後起鍋。
做好的醬汁直接放入平底鍋，用小火熬到呈黏稠狀，素排放回鍋內，裹上醬汁。
4 麵包上依序鋪上生菜、小黃瓜片、素排、美乃滋、酪梨片、番茄片後夾起來。最後可依個人喜好附上醃黃瓜。

多餘的素排可以用保鮮膜包好，放進冷凍庫保存。下次要吃時，自然解凍後再用平底鍋加熱即可。

小松菜鹹蛋糕

「是什麼味道啊？」每次有人這樣問我，我的回答是「大概就像……放進模型裡烤的大阪燒吧？」比起時髦的下酒菜，說是庶民口味更貼切。熱騰騰出爐之後，「稍微放涼」時最好吃。這次的食譜用的是小松菜，其實一整年都可用不同季節的蔬菜來做。

材料（1個18公分的磅蛋糕模型）

蛋……2顆

白麻油……50毫升

鮮奶（或豆漿）……80毫升

餡料

- 洋蔥……1/2顆
- 小松菜……半把
  （燙熟後100～120公克）
- 培根……2片

A
- 低筋麵粉……100公克
- 泡打粉……1小匙
- 鹽……1/4小匙
- 乳酪粉……40公克
- 胡椒……少許

準備

- 磅蛋糕模型中先鋪好烘焙紙。
- 烤箱先預熱至攝氏180度。
- 洋蔥切碎。
- 小松菜汆燙，保留些許硬度。切碎。
  培根切成1公分寬。

作法

1　平底鍋裡倒入1.5大匙的油（另外準備），以中火加熱，加入洋蔥末拌炒約5分鐘炒軟，靜置放涼。

2　在調理盆裡打蛋，用打蛋器輕輕打散。加入油、鮮奶，充分攪拌。

3　在**2**中加入切碎的小松菜、炒好的洋蔥末，稍微拌一下。A的各種材料混合過篩後拌入。用橡皮刮刀稍微翻拌，不要用力攪拌，在還沒完全拌成糊狀仍保留一點顆粒感時，加入培根拌勻。

4　倒入模型，放入預熱至攝氏180度的烤箱烤35分鐘。
竹籤刺入蛋糕正中央，只要沒沾到黏稠的麵糊就表示完成。

除了小松菜之外，若使用青花菜、花椰菜的話先切碎再煮熟，小番茄的話可切成4等份。無論使用哪種蔬菜，份量都是去掉水分之後淨重100公克左右。

薯泥塔

工作時要是肚子餓了，我會用麵粉簡單做個特製點心。
材料跟做餅乾相同，三兩下就能做好塔皮，鋪上現有的蔬菜去烤就行了。
要是沒有塔派模型，也可以用耐熱器皿代替。

材料（1個15公分的塔派模型）

塔皮

A
- 低筋麵粉……80公克
- 全麥麵粉……20公克
- 二號砂糖……2大匙
- 鹽……1小撮

油……2.5大匙
水……1大匙～

馬鈴薯內餡

馬鈴薯……2顆

B
- 油……1大匙
- 豆漿（鮮奶亦可）……50毫升～
- 鹽、胡椒……適量

豌豆（燙熟）……約100公克
※也可使用同等份量的菇類或蔬菜，燙熟後切成方便食用的大小。
熱熔乳酪……適量

準備

- 烤箱預熱至攝氏170度。

作法

1 製作塔皮。
調理盆裡放入A，用手輕輕拌勻，加入油之後用雙手攪拌，拌成團狀後加水，不要用力揉。

2 麵團用保鮮膜包起來，擀成4公分的厚度，將手伸進保鮮膜下方，把塔皮倒扣到模型上鋪好。（圖1）
剝掉保鮮膜，用叉子在派皮上戳幾個洞通氣。
放入預熱至攝氏170度的烤箱烤30分鐘，派皮脫模後放涼備用。

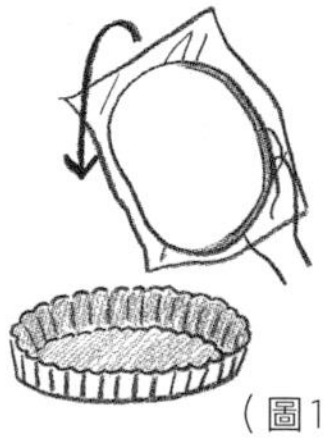
（圖1）

3 馬鈴薯削皮後切成一口大小，加入可蓋住材料的水量煮到軟，然後壓成泥。
加入油、豆漿，再用鹽、胡椒調味。加入豌豆拌勻。

4 把**3**鋪到塔皮上，撒上熱熔乳酪，放入烤箱後用攝氏200度烤到乳酪融化。（約5～10分鐘）。
用小烤箱也可以。

馬鈴薯內餡冷掉後會變硬，加入適量豆漿就能恢復為一般薯泥的軟硬度。

懶人披薩

明明很愛做甜點，但做起麵包就是不順手。這是爲什麼呢？
想了又想，原因大多不出「性子太急，讓麵團發酵的時間不夠久」
或是「覺得揉麵好麻煩而敷衍了事」。
知道自己的缺點之後，就該反向思考，
乾脆做不需要揉麵、只要靜置即可的披薩餅皮。
生餅皮看起來不怎麼樣，但烤過之後還算不賴。
何不放鬆心情，在週末烤塊披薩呢？

作法

1 製作披薩餅皮。
調理盆裡加入高筋麵粉、砂糖、鹽和酵母粉。
像洗米一樣用手將材料拌勻。加入橄欖油、溫水之後，用橡皮刮刀迅速切拌，直到所有材料都均勻混和。接著用力揉成麵團。
（這個階段麵團有時仍有顆粒感，沒有整團變得滑順也無所謂。）

2 調理盆蓋上保鮮膜，靜置10分鐘。
取出麵團揉3分鐘，直到表面溼潤光滑。
（麵團靜置超過10分鐘就會發酵，變得黏稠難揉，要特別留意。）

3 麵團放進塑膠袋裡，綁住袋口（圖1）。
放進冰箱的蔬果室或蛋架等溫度較高的地方，靜置10小時～半天。
等到麵團體積膨脹到1.5 ～ 2倍大即可。
（披薩麵皮的麵團發酵膨脹得不明顯或稍微過頭都不要緊。）

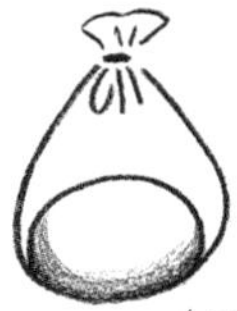
（圖1）

4 烤箱預熱至攝氏250度。
將**3**靜置在室溫下約30分鐘。
輕輕壓扁麵團，分成兩等份，搓圓之後擀平到不會透明的程度（約厚0.3公分），鋪上喜歡的食材。
（做魩仔魚＆青醬口味的話，先在餅皮塗上青醬，烤好之後再撒上魩仔魚。）

5 披薩放在烘焙紙上，放進烤箱，以攝氏250度烤10分鐘。

材料（2片直徑30公分的披薩）

披薩餅皮

高筋麵粉……200公克
二號砂糖……1小匙
鹽……2/3小匙（4公克）
酵母粉……1/2小匙（2公克）
橄欖油……1/2大匙
溫水（大約體溫）……130毫升

配料（番茄＆馬札瑞拉乳酪）

番茄醬（可參考p.32「員工餐筆管麵」的醬汁作法）……適量
馬札瑞拉乳酪……適量

配料（魩仔魚＆青醬）

魩仔魚……適量
青醬（下列材料一起用食物處理機打成糊狀）……適量

- 羅勒……1包
- 橄欖油……100毫升
- 大蒜……1/4瓣
- 帕瑪森乳酪……1大匙
- 胡桃……3小塊
- 鹽……2撮

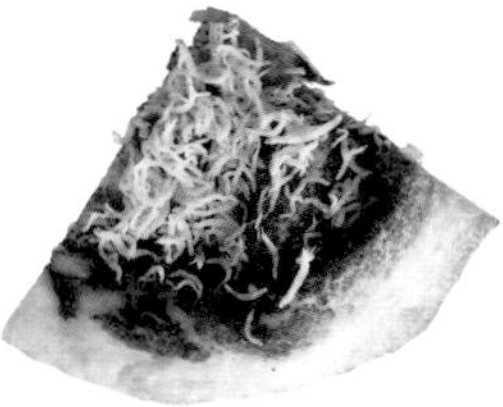

配料可依個人喜好增減。
餅皮可以早上做了晚上吃，
或是晚上做了隔天吃。
總之要放一段時間醒麵。

雞肉包

材料（2顆）

低筋麵粉……120公克
泡打粉……1/2小匙
二號砂糖……1大匙
水……60～70毫升

餡料

雞絞肉……100公克
蝦仁、鵪鶉蛋（罐頭）、熟竹筍
……依個人喜好而定

長蔥……5公分
醬油……1小匙
酒……1小匙
蠔油……1小匙
太白粉……1小匙
薑汁……1/2小匙（約一小半段）

準備

- 用布將蒸鍋的鍋蓋包起來，煮沸熱水備用。
- 長蔥切蔥花，薑段磨成薑汁，取1/2小匙備用。
- 準備兩張剪成邊長12公分的正方形烘焙紙。

作法

1 製作包子皮。低筋麵粉、泡打粉、砂糖放進調理盆裡，用手攪拌，一邊拌入空氣。加水之後用橡皮刮刀切拌。

等到麵粉顆粒變少後，就用手揉成一個麵團。用保鮮膜包起來靜置10分鐘。

2 餡料和A拌勻後，分成兩等份搓成圓形。

麵團分成兩等份，用擀麵棍之類的工具擀成比掌心稍大一點的麵皮。餡料放麵皮上邊抓折邊收攏捏緊。包子下方墊烘焙紙，放進蒸鍋裡用大火蒸12分鐘。

內餡就算只有雞絞肉
也很好吃唷。

蘿蔔餅

材料跟作法都很簡單的蘿蔔餅，煎得焦香，還能同時享受清脆的口感。此外，每到冬天，學生上完鋼琴課或是社團活動告一段落的回家路上，也能見到一群學生邊走邊默默吃著肉包。兩道都是最棒的點心，也可以當作一餐。

材料（1人份）

蘿蔔……10公分段
低筋麵粉……跟切碎的蘿蔔等量
（目測估算即可）
鹽……1/4小匙
櫻花蝦……2大匙
珠蔥……3根
麻油……2大匙
醬油醋（醬油＋醋）……適量

準備

- 蘿蔔切碎。（用食物處理機很方便）
- 珠蔥切蔥花。

作法

1 調理盆裡放入切碎的蘿蔔、低筋麵粉和鹽，用手拌勻。
攪拌均勻直到沒有顆粒之後，加入櫻花蝦及蔥花，再次拌勻。
攪拌到麵團不會黏手的程度即可。

2 取一口大小的麵團搓成圓球狀，壓扁之後放進倒入麻油的平底鍋裡，用中火煎到上色。翻個面，火力稍微調弱，蓋上鍋蓋再煎約5分鐘到上色。
裝盤後，沾著醬油醋一起吃。

如何挑選好的調味料？

想要不花太多工夫又能做出美味餐點，關鍵在於挑選「好的調味料」。好的調味料就是原料和製程都盡量簡單的產品。

砂糖指的是**二號砂糖**，也就是口語常說的「二砂」。跟味醂一起用，能呈現有層次的甜味。**鹽**，是調味時不可或缺的一品。記得選用海鹽。酸味則來自各式各樣的醋，先挑一種當作基準，之後再配合喜好，尋找適合的種類。至於酒和味醂，不要用市售調製的料理酒及味醂風調味料，務必選用**日本酒（清酒）**和**本味醂**。另外，黃豆做的**醬油**應該不用多做解釋，用魚做的**魚露**也是我調味的固定班底。在一些原本使用醬油的菜色上改用魚露，會有驚喜的發現！油品也有各種風味。**白麻油**氣味清新，是適合所有料理的萬用款；**橄欖油**、**麻油**、**菜籽油**，風味自成一格，搭配適合的料理便能凸顯特色。調味料是每天都會使用的消耗品，請挑選價位合理，能長期持續使用的品項。

幸福的一碗

湯品

當季食材或是冰箱角落用剩的蔬菜，乍看之下毫無關聯，卻都能神奇地變身爲美味的湯品。忙的時候可以一次做一大鍋，堪稱煮婦煮夫做飯時的救星。

冷湯三品

當季蔬菜磨泥或切碎，做成口感滑順且沁涼的湯品，
最適合食慾不振的酷暑季節。
吃冰固然暢快，但冷湯的口感及味道上更花心思，入口後能感受透心的涼爽。
調味時鹽放多一點，可補充流汗失去的鹽分。

玉米濃湯

冬天使用簡便的罐頭，但到了夏天一定要使用當季的新鮮玉米！加熱過也好吃，是我從小就喜歡的口味。

材料（2人份）

玉米（玉米粒罐頭）……1罐（大）
高湯……150毫升
鮮奶（豆漿亦可）……50毫升
鹽……1/4小匙～
玉米（點綴用）……適量

準備

- 事先準備好高湯（參考下方作法）。
- 使用新鮮玉米的話，先用菜刀削下2根玉米的玉米粒，並用高湯（份量外）煮軟。

作法

1 高湯及玉米（請勿加入罐頭湯汁）用果汁機或食物處理機打碎，過濾。

2 將**1**倒入調理盆，加入鮮奶、鹽調味。盛碗後撒上玉米粒裝飾。
如果沒有馬上吃，冷藏前必須再加熱一次。

基本高湯作法

材料（約250毫升）

水……1公升
昆布（邊長10公分的方形）……1片
柴魚片……1把

準備

- 1公升的水和昆布放進鍋子裡，浸泡30分鐘～1小時。（沒有時間浸泡昆布的話，就用極小火熬到昆布變軟。）

作法

1 浸泡昆布的鍋子用中火加熱，在煮沸之前將昆布撈起來。
煮沸之後火力稍微調弱，加入柴魚片滾一下就關火。

2 靜置3分鐘左右後過濾。
（請輕按柴魚片）留意不要太用力擠壓，否則會留下腥味。

番茄湯

再也沒有比這道湯更簡單的食譜了，
只要選用當季食材，就美味得不得了……！

材料（1人份）

完熟番茄（大）……1顆
鹽……1撮
檸檬汁……少許

作法

1 番茄用磨泥板磨成泥。

2 過濾後加入鹽和檸檬汁。
冰涼之後食用。

山麻精力湯

聽來有些陌生的「亞麻仁油」，帶有類似堅果的濃醇風味，
我個人非常喜歡。這種特殊口味很容易讓人上癮。
亞麻仁油並不適合加熱，請直接食用！

材料（2人份）

山麻……1把
高湯（放涼）……200毫升
醬油……1小匙
蘘荷……1/2顆
鹽……適量
亞麻仁油……適量

準備

- 山麻先去掉硬梗，摘下葉片。
- 蘘荷切細。
- 先準備好高湯（參考右頁作法）。

作法

1 燒一大鍋熱水，放入山麻葉，數3秒後立刻撈起浸到冰水裡。
擰乾水分，用菜刀剁碎。

2 山麻葉放進調理盆，慢慢加入高湯調開。加入醬油之後先試試味道，再加鹽調整。

3 盛到碗裡，撒上蘘荷末，要吃之前淋點亞麻仁油。

這道湯應立即食用，
冷藏保存過後味道會變，
最好是要吃之前才做。

熱呼呼濃湯三品

在寒冷的冬天，能夠感受到湯品起鍋瞬間的甜香與溫暖蒸氣，
是煮湯人才享有的特權。吃了熱呼呼的食物，連心都會溫暖起來。
利用家中現成蔬菜，就能做出充滿幸福的一道湯品。

椰奶南瓜湯

散發亞洲風情的香醇濃湯。
推薦用麵包沾著湯一起吃。

材料（2人份）

A
- 南瓜……1/8顆（去皮後約150公克）
- 洋蔥……1/4顆
- 大蒜……1/4瓣

油……1小匙
水……100毫升～
椰奶……50毫升
魚露……1小匙
鹽……適量
香菜……適量

準備

- 南瓜、洋蔥切成薄片。大蒜去芯後切成細末。
- 香菜切細。

作法

1 鍋子裡倒入油，以中火加熱，加入A，炒到洋蔥變軟。
加入100毫升的水，開大火煮沸後調成小火，蓋上鍋蓋慢慢煮到南瓜變軟。南瓜煮軟之前，要是水變少就再加入少量水。

2 整鍋湯汁用果汁機或食物處理機打成果泥狀。

3 將**2**倒回鍋子裡，加入椰奶、魚露，再加適量的水調整為你喜愛的濃度。加熱直快要煮沸時，用鹽調味。盛碗後撒上香菜。

花椰菜濃湯

作法和嬰兒離乳食品一樣簡單，關鍵就在於不要加太多食材。
只要添加少許鹽，就能凸顯花椰菜高雅的香甜。

材料（2人份）

花椰菜……1/2朵（約200公克）
水……100毫升
鮮奶（豆漿亦可）……200毫升
鹽、胡椒……少許
橄欖油……適量

準備

- 花椰菜分切成小朵。

作法

1 花椰菜放進大鍋子裡，加入水、一撮鹽（份量外），蓋上鍋蓋以大火加熱。煮沸之後調成小火，煮到花椰菜變軟。煮軟前要是水變少，就再加入少量水。

2 整鍋花椰菜連同湯汁倒入果汁機，加入少量鮮奶後打成果泥狀。

3 將**2**倒進鍋子裡，加入剩下的鮮奶，充分攪拌後加熱到快要沸騰。
最後用鹽、胡椒調味，盛碗後淋點橄欖油。

蓮藕泥濃湯

蓮藕磨成泥後會自然變得黏稠。
這是一道口味層次多元的湯品。

材料（2人份）

蓮藕……1/2根
（削皮之後約100公克）
高湯……250毫升
味噌（最好用白味噌）……1/2大匙
鹽……適量
珠蔥……適量

準備

- 蓮藕削皮後磨成泥。
- 珠蔥切成蔥花。
- 先準備好高湯（參考P.76的作法）。

作法

1 鍋子裡加入蓮藕泥與高湯，用中火加熱，煮滾之後調成小火，再煮3～5分鐘，並不時攪拌。

2 加入味噌調勻，最後用鹽調味。盛碗後撒點蔥花。

蔬菜薑湯

材料（2～3人份）

薑……2段
洋蔥……1/4顆
紅蘿蔔……1/4根
番薯……1/4根
橄欖油……1/2大匙
水……500毫升
味噌……1小匙
鹽……適量
蒔蘿（乾燥）……適量

準備

- 薑切成細末。
  其他蔬菜則切成小碎塊。

作法

1 鍋子裡倒入橄欖油，以中火加熱，加入薑末及所有蔬菜拌炒，撒一撮鹽（份量外）。
蓋上鍋蓋，調成小火慢慢蒸煮約5分鐘，期間不時攪拌。

2 在1中加入水，以中火加熱，煮沸後撈掉雜質浮泡，再燉煮5分鐘。

3 用味噌、鹽調味，盛碗後撒點乾燥蒔蘿。

除了薑和洋蔥之外，
再加一、兩種時令蔬菜，
搭配出令人懷念的好滋味。

令人懷念的什錦蔬菜湯

我把在老家常吃的新潟當地紅燒菜「Noppe」跟加入鮭魚、雞肉的鹹稀飯，兩者的記憶混在一起，不知不覺就做出這道什錦蔬菜湯。此外，用味噌和香草提味的蔬菜薑湯，無論搭配麵包或白飯都好吃。這兩道湯品善用了蔬菜原有的溫潤鮮甜，無須另外使用高湯。

材料（2 ～ 3人份）

番薯（小）……3條
蘿蔔……3公分
紅蘿蔔……5公分
香菇……3朵
鹹鮭魚……1片
雞肉……100公克
高湯……400毫升
酒……1大匙
醬油……1小匙
鹽……適量
鮭魚卵……適量

準備

- 番薯削皮切成滾刀小丁。放進冷水煮到沸騰之後，先撈起來。（熬煮後倒掉湯汁）
- 蘿蔔、紅蘿蔔切成小條，香菇切成1公分的小丁，鹹鮭魚和雞肉切成一口大小。
- 事先準備高湯（參考p.76的作法）。

作法

1 鍋子裡加入高湯及所有蔬菜，以中火加熱，煮沸之後加入鮭魚、雞肉和酒，火力調弱，慢燉10 ～ 15分鐘至食材煮軟，記得撈掉雜質浮泡。

2 加入醬油，用鹽調整口味。
最後加入新鮮鮭魚卵，煮到半熟。

《吃飯囉》實用料理小百科

看這本食譜時，如果懷疑自己「可能失敗了?!」或是覺得有些名詞「看起來像一般的說法但還是搞不太懂」時，可以先嘗試翻閱這份小百科。

這裡集結了我各種失敗的經驗，希望可以讓各位讀者參考。當你「還想再吃某一道料理」而下廚時，可以更為輕鬆。我的說明或許跟其他書籍不太一樣，但真心希望家家戶戶都有一本「成為你們做菜的好幫手」。

—使用方法—

食材、料理器具、料理手法等分類。例如，看到「秋葵上撒點鹽，在砧板上來回搓揉，去除表面細毛。」是不是仍然有點不解呢？這時可以根據該句中任何一個用詞來查詢。

各條目的例子都以容易幫助了解其義為優先考量，有時候順序不一。

—標記的意義—

—　代表各條目的延伸或舉例

↓○○　說明參考○○

食材

【秋葵】夏季蔬菜的代表。表面上長滿細毛，橫切斷面呈現星星狀，相當可愛。黏糊糊的口感，吃了讓人精神百倍。

↓秋葵上撒點鹽，在砧板上來回搓揉

【花椰菜】原產地不明，非常神祕的一種蔬菜。無論快炒或是燉得軟爛都好吃。但煮到有點軟又不太軟的程度就有點噁心。

（青花菜也一樣。）

【菇類】特別代表秋天的味道。為了防止走味，一般不用水洗，用廚房紙巾或乾淨的布擦掉髒污即可。以下介紹各式各樣的菇類，每一種都只要把泥土及髒污擦掉，連菇柄都好吃。做素食料理時還能用來熬高湯，非常好用。

—金針菇：本書中做成滑菇醬，另外也可做涼拌菜或煮湯。

—**香菇**：乾香菇泡水的湯汁味道很鮮美。

—**鴻喜菇**：正如有句話說「松茸香氣無敵，滋味當推鴻喜」，做什錦炊飯最能展現鴻喜菇的實力。

—**舞菇**：本書中介紹的漢堡素排，能展現多層次的美味全靠舞菇。

—**蘑菇**：從沙拉到湯品都適合，只要用上就能展現些許西洋風情。

【菇蒂】菇柄較硬的部分。菇柄的風味濃郁，丟棄不用太可惜。

【牛蒡】表皮與內側之間的口味鮮甜，因為很細，夏季採收的新牛蒡或是新鮮牛蒡只要用鬃刷輕輕刷過表面即可。如果牛蒡表皮變硬，就用菜刀刀背刮。

【洋蔥】在本書中頻繁亮相，大家都很熟悉的蔬菜。切細末、切薄片、切成瓣狀等，每種切法的口感都不一樣。

—**炒洋蔥**：洋蔥炒過之後鮮甜味會更濃郁，但萬一炒焦了就會有苦味，要特別留意。

【紅蘿蔔汁】筆者最喜歡減糖的百分之百純紅蘿蔔汁。多虧有它，才能保持肌膚光滑。做燉煮料理時用紅蘿蔔汁代替水，口感更濃醇。

【蘿蔔葉】很多人會丟掉，但可以乾炒來拌飯，或是加到味噌湯裡。

【鷹嘴豆】日文叫做「雛豆」，不知道是不是外型跟小雛鳥相似的關係。在台灣則因為外型像蓮子，又稱「雪蓮子」。現在超市也能買到水煮豆的罐頭了。

【水菜】可以生吃或煮熟。

【蘿蔔乾】將蘿蔔切成細長條或薄片後曬乾製成。也有切成絲的乾蘿蔔絲。

【米】下列是筆者洗米炊煮米飯的作法。

①量好米之後放入篩籃，因為一開始最容易吸水，先用淨水洗過一次，之後用自來水洗幾次，最後再淋一次乾淨的水，如淨水器的水。

②把米放入厚鍋裡，加入1～1.2倍量的水，浸泡30分鐘以上。

③一開始用大火加熱到沸騰，然後將火力調整到極小，蓋上鍋蓋，一杯米炊煮10分鐘，兩杯的話大約12分鐘。

④關火再悶10分鐘後，將整鍋飯翻拌一下。

—**糯米**：口感較黏膩，用來做年糕、紅豆飯、米糕的米。

【冷飯】炊煮好的白飯放涼。筆者不會冷凍白飯，絕大多數用來做炒飯或鹹稀飯。

【烏龍麵】日本人喜愛的一種麵食。

—**稻庭烏龍麵**：秋田名產，屬於麵條較細且口感滑溜的烏龍麵。煮的時間也短，筆者本身很喜歡。

—**讚岐烏龍麵**：特色是麵條粗，有嚼勁。

—**冷凍烏龍麵**：煮好後直接冷凍保存的烏龍麵，非常方便。吃起來很有彈性。

【素麵】夏日經典餐點。不過冬天做成熱食，吃起來也很美味。沒有任何湯料時，也可以直接把麵加入高湯烹煮。

【中式麵條】用來做拉麵、炒麵那種黃色的生麵條。

【筆管麵】外型像筆尖的義大利麵。吃起來很有飽足感。

【麵麩】以用水攪拌的麵粉中所含的蛋白質麩質為主要原料製成的加工食品。隨加工方式不同，呈現各種不同口感。

—**車輪麵麩**：烤麩的一種。筆者的家鄉新瀉是車輪烤麩的著名產地。製作方法和竹輪差不多，用一根棒子捲起麵麩，邊捲邊以火烤，同樣的步驟重複多次。

【麵包】—**熱狗麵包**：夾熱狗用的細長型麵包。在稍微大一點的超市都買得到。

—**漢堡包**：用來做漢堡的麵包。也可以在超市買到。

—**法國麵包**：有著像仙貝一樣脆脆的外皮，裡頭白白的有氣孔，帶著鹹味的麵包。會根據長度、重量、表面切痕的數量而有不同的名稱。像是長棍、短棍（巴塔）、細繩麵包等各式各樣。↓法國棍子麵包

【法國棍子麵包】長約70～80公分的細長形麵包。原文的「baguette」就是「棍子」的意思。經常用來做三明治，在本書中也用來做越式三明治。

【河粉】用米粉製作成外觀像是麵條的食品，在越南從高級餐廳到路邊攤都吃得到，也是筆者很喜歡的食物。在本書中用烏龍麵來代替。

【酪梨】有「森林奶油」之稱。順帶一提，「海中鮮乳」指的是牡蠣，「田地裡的肉」則是黃豆。筆者非常喜歡這類有趣的比喻。

【椰子】—**椰奶**：將成熟椰子的白色果肉挖出來加入熱水後搾出的液體。加入食材中立刻有股南國氣氛。筆者很喜歡椰子，做點心時也經常使用。

—**椰粉**：由椰奶乾燥後製成。不想加入水分時用起來很方便。需要加水的話就使用液狀的椰奶。

【胡桃】堅果類。筆者非常喜愛的食物。拜託各位就相信我這一次，在海苔卷裡包胡桃吧。

—**山胡桃**；也稱鬼胡桃。在日本野外能採到的一種胡桃。

【山胡桃】↓胡桃

【蝦】無論生蝦或燙熟的蝦，筆者都很喜歡。

—**蝦米**；曬乾後鮮味濃縮的蝦。泡水之後用來熬高湯。

—**櫻花蝦**：本書中使用的一種紅色小蝦米。也可以直接食用。

【乾干貝】價位雖然有點高，但有濃縮的鮮甜味，也可以當作下酒菜。

【里肌】適合用來烤的軟嫩高級肉，通常是牛、豬的肩、背等部位。可用來做叉燒肉。

【水煮蛋】尤其以半熟蛋最討人喜歡。

—**半熟蛋**：筆者的作法如下。在小鍋子裡放入蛋，加入剛好淹過蛋的水，用中火加熱，水滾之後再煮7分鐘後，把蛋泡進冷水裡，就能做出好吃的半熟水煮蛋。

【乳酪】以鮮乳發酵製成的食品。種類多元，介紹如下：

—**熱熔乳酪**：鋪在燉飯或焗烤料理上方，烤熱之後會融化、變得焦香，令人期待。熱騰騰之下還會拉絲。

—**帕瑪森乳酪**：經常會刨成細末撒在義大利

麵上。本書中在介紹員工餐筆管麵時也出現過。雖然可以用市面上現成的乳酪粉，但兩者風味截然不同。就像柴魚片，有每次要用前才現削，也有使用市售現成的。

—**馬札瑞拉乳酪**　用水牛乳製成，質地軟嫩且口味清爽的乳酪。

【油豆皮】薄豆皮油炸而成的食品。

—**過油**：將食材表面裹上油。也可指油炸料理放了一段時間後產生的油膩感。

—**去油**：為了去除油豆皮中多餘的油分、氣味，會將油豆皮放在篩網上，從上方淋熱水，或是放進熱水中燙一下。去油之後再用廚房紙巾吸掉多餘的水分。用高品質的油，炸出的油豆皮就不需要去油。筆者因為美味和不喜歡清洗油膩篩網這兩個理由，平常都會挑選較好一點的油豆皮。

【糖炒栗子】在燒熱的石子間放入栗子，加糖液悶燒而成。日本的便利商店常可見到這種小顆的褐色栗子。千萬別跟黃色的甘露煮搞錯了。

【餡料、內餡】塞入塔派、鹹派內的材料。

【高湯】用昆布、柴魚片熬煮或是浸泡乾貨的湯汁，裡頭有很多鮮甜的成分。

—**紅湯**：使用八丁味噌等豆味噌或米味噌一起做的味噌湯。另外也指以黃豆為基底，加入昆布或高湯調製的味噌。跟一般的「高湯」或「日式白高湯」的意思不太相同。

—**日式白高湯**：在白醬油或淡味醬油中加入用昆布、柴魚片等做成高湯，或是味醂。做紅燒菜或煮湯時，要是希望顏色不要太重，或是希望讓料理的外表高雅，就會使用日式白高湯。

【葛粉】用葛根製成的粉，用來勾芡。據說有溫熱身體的效果，加入薑泥，對於抗虛冷體質非常有效。

—**葛粉液**：加到液體中勾芡。必須在沸騰狀態下加入才不會結塊。

【馬鈴薯泥】將煮熟的馬鈴薯壓成泥，口感滑順美味。

【全麥麵粉】連同小麥的外皮及胚芽一起製成的褐色麵粉，呈現樸素風味。

【鮪魚醬】油漬鮪魚。當初想到包進飯糰裡的人實在太偉大了！小時候常聽到的名字是來自暢銷商品「海底雞」。

【豆漿】黃豆泡水之後搗碎，加水熬煮，經過過濾製成的飲品。市面上有一些小包裝豆漿，平常沒喝慣的話可以先從小包裝開始嘗試。本書中使用的都是成分無調整的豆漿。

調味料

【さ（SA）、し（SHI）、す（SU）、せ（SE）、そ（SO）】指和食的基本調味料，只要有這五種就夠了。此外，也有人說是考量入味的效果，所排列出的調味料使用順序。「SA」是砂糖，「SHI」是鹽，「SU」是醋，「SE」是醬油，「SO」是味噌。

【亞麻仁油】加熱之後會變質，建議無須調理，直接使用，如涼拌。此油含有據說對人體很好的Omega-3，帶有類似堅果的濃醇口感，筆者最喜歡在冷豆腐或素麵的沾麵醬裡淋上一點。

【橄欖油】從橄欖搾取的油，推薦初搾的「特級冷壓油」(Extra Virgin Oil)。涼拌的話，就挑選比較有特色的橄欖油，烹調的話則推薦口味較平順的種類。

【麻油】從芝麻搾取的油。因為焙煎的程度，口味上會有很大的差異。深煎麻油會帶有微焦的香氣與口味。白麻油則幾乎是生鮮搾取，外觀無色透明，也沒有太強烈的氣味。使用本書食譜時若剛好沒有一般(菜籽)油，建議換用白麻油。

【菜籽油】口感及風味濃醇，是筆者平常做菜時最喜歡用的油。不過各家品牌的味道都不太一樣，建議一開始先買小包裝，多方比較，找出自己喜愛的口味。

【蠔油】用鹽水汆燙牡蠣並燉煮的湯汁，加入砂糖等濃醇調味料。味道濃郁鮮美，只要加一點點立刻呈現中式風味。

【魚露】只要灑幾滴就散發出濃濃的亞洲風味，是泰國、越南等地常用的調味料。將魚用鹽醃漬發酵滲出的液體。日本也有類似的「鹽魚汁」。因為有股特殊的腥臭味，喜歡和排斥的人都有，但一旦喜歡就會上癮。一般市售的小瓶裝算起來價格不便宜，喜歡的話推薦可以到進口食品店買大瓶裝。

【沾麵露】吃素麵類的麵條時，搭配沾用最簡單的一種醬汁。自己製作比想像中簡單。如果要用市售三倍濃縮的產品，稀釋時的比例是沾麵露：水＝1：2，總計是3。有點難懂。

【香辣茄汁(醬)】義大利經典醬料，又名「香辣茄醬」，即加了很多辣椒的茄汁醬。吃了會辣到表情氣呼呼，據說原文「All'arrabbiata」在義大利文裡就是「憤怒」的意思。

【XO醬】據說名字來自最高等級的白蘭地「eXtra Old」，但這種醬料與白蘭地無關，是使用各種乾貨製成的調味料。本書提到中式涼麵時也介紹了用乾干貝、蝦米等材料，製作出書中少見的豪華XO風味醬料。

【味噌】每個地方喜歡的味道都不盡相同，跟這是許多人的「舒心食物」有很大的關係吧。筆者個人喜歡帶有甜味的麥味噌，這幾年都在家裡自己做。

【二號砂糖】口味芳醇，帶有溫和甜味。這種砂糖能讓人體緩慢吸收，也是筆者最愛用的一種糖。

【酒粕】酒醪搾完酒之後的固體殘渣。本書中介紹了酒粕烏龍麵。加熱時間一長，香味就會散掉。直接烤來吃也很好吃唷。

【紹興酒】用蒸熟糯米和麥麴為原料釀成的酒。帶有甜味，口味濃醇，用來做菜就能呈現中式口味。

香辛料

【香料】為料理增添不同香味，刺激味蕾。本書中介紹了薑、肉豆蔻、辣椒等香料。

【香草】帶來清新香氣的植物。在本書中亮相的香草有羅勒、蒔蘿、香菜等。

【辣椒】—紅辣椒：本書中使用乾燥的紅辣椒。

裡頭的籽非常辣，怕辣的話記得要去掉。

—青辣椒：新鮮青辣椒加熱之後，辣味會變成甜味，而乾燥的辣椒加熱後好像會增加辣度。

【香菜】香菜，也叫芫荽。是東南亞料理中不可或缺的香草植物。帶有一股很強烈的氣味，喜歡和排斥的人都有，但有不少人原本討厭，二、三十歲後卻瘋狂愛上。筆者也是其中之一，以前非常排斥，自從到越南餐館工作後很努力勉強自己喜歡，現在則成了超級愛好者。

【薑】筆者實在太喜歡，甚至經常搞不清楚究竟怎樣才算「適量」了。加熱後食用能有效讓身體暖和。整塊的薑，外表看來像是握緊的拳頭，因此日文裡也會用薑來比喻吝嗇、不輕易掏出錢的人。↓薑的外皮

【薑的外皮】薑的風味都在表皮上，盡量挑選能放心食用的薑，連皮一起調理。

【蒔蘿】感覺似乎不是很常見的香草植物，但其實超市就買得到，新鮮、乾燥皆有。本書使用的是乾燥蒔蘿。

【肉豆蔻】常用在漢堡排這類絞肉料理，或是魚類料理需要去腥的時候。用量非常少，有股特殊的甜香，可能是所有香料中筆者最喜愛的一種。稍微加一點就立刻有自己變成廚藝高手的錯覺。

【蔥】即使是日本的關東和關西地區，對「蔥」的認知也不同。西日本地區講到「蔥」就是青蔥，但東日本地區則指白蔥。其實蔥的種類各式各樣，可以根據不同用途選用。

—青蔥：細細的嫩蔥。跟珠蔥是同一類。

—九條蔥　比較粗的青蔥，京都蔬菜「京野菜」的代表之一。沒有蔥臭味，不用怎麼加熱就能吃，價格也較高。

—長蔥：也稱白蔥。比較粗，蔥白部分又軟又甜，可以做成涼拌，也可以切成蔥絲。

—珠蔥：青蔥的一種，在日本叫做「萬能蔥」，由福岡筑前朝倉農會開發、命名。另外又稱細蔥。

【羅勒】原產於印度及亞洲熱帶地區的香草，義大利熱那亞一帶常使用以大量羅勒製成的「青醬」，因此也稱為「Genovese sauce」。把青醬塗在披薩餅皮上，烤起來會散發一股清香芳香，非常迷人，跟番茄也很搭。

【月桂葉】月桂樹的葉片（用以編織奧運頒獎儀式的桂冠）。這種香草常用來消除肉類的腥臭味。

【咖哩】—咖哩粉：搭配二十幾種香料，調製成帶有辣度及濃郁香氣的黃色粉末（黃色來自薑黃）。辛辣的來源是胡椒、薑、辣椒，至於香氣則來自香菜、小豆蔻等。

—咖哩醬塊：基本上是在咖哩粉中加入麵粉製成。加水稀釋後就能做成咖哩醬。

料理手法

【秋葵上撒點鹽，在砧板上來回搓揉】食材上撒鹽後在砧板上搓揉。這麼做有多重效果：①去掉表面令人不適的細毛。②在堅硬的表皮上製造裂痕，調理時更容易入味。③可藉此去除秋葵的澀味與青臭味。

【裹上】液體或粉類完全包覆食材表面。

【炒到湯汁收乾】將鍋裡的食材炒到沒有水分為止。

【收乾】燉煮到水分收乾。

搾乾了

【切】接下來介紹幾種切法。

—**切海苔卷**：用保鮮膜包起來直接切，或是用麵包刀切都會比較容易。

—**切薄片**：從一端依序切成薄片狀。切口可以是圓的，或是先對半切開再切薄片。

切薄片

—**切成瓣狀**：洋蔥、番茄之類圓形的蔬菜，先縱向對半切開，再切成瓣狀。

切成瓣狀

—**切小段**：青蔥、小黃瓜這種細長形的蔬菜從一端切成細末。

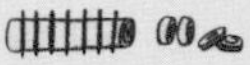

切小段

—**切大片**：將高麗菜、青菜切成3～4公分寬的片狀。

—**切絲**：切成細長絲狀。

切絲

—**切小片**：切成約0.2公分厚度的片狀。容易煮熟，經常用來煮湯或快炒。

切小片

—**切斜片**：從一端朝斜向切出同樣厚度的片狀。

切斜片

—**切條狀**：切成長方柱條狀。比切小片來得厚。

切條狀

—**切細末**：將材料剁得細細的。比較簡單的方式是先切成細絲，再從一端切成細末。

切細末

—**切粗末**：比細末稍微粗一點，不需要太神經質的切末。

—**滾刀切**：細長蔬菜邊轉向，邊以菜刀斜切。雖然形狀歪七扭八，但因為切口面積多，比較容易入味。

滾刀切

【削竹葉片】將牛蒡削竹葉片。像削鉛筆一樣，從一頭削薄片。牛蒡的澀味比較重，削片時最好準備裝了水的調理盆，直接泡在水中，而削出來的牛蒡形狀像竹葉。

【拍、剁】用菜刀以拍打方式切細或拍軟。

【擀平、稀釋】①整團麵團用擀麵棍或保鮮膜的圓筒擀成扁平狀。②在糊狀麵團中加入液體稀釋調勻。

【撥鬆】把整塊食物撥細分散。

—**鬆**：將絞肉、魚肉或蝦等食材水煮或炒熟後撥成鬆。另外，把蛋炒到水分完全收乾後就能做成蛋鬆。

【把絞肉撥碎】把一整塊絞肉撥碎，變成一粒一粒分明的狀態。炒到成碎粒時就不會有肉的腥臭味。

【豆腐瀝乾水分】要在料理中更凸顯豆腐的味道及口感，就必須瀝掉水分。用廚房紙巾把豆腐包起來，在上方放個稍微重一點的碗盤餐具，滲出來的水分會比想

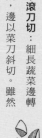

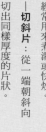

像中來得多，最好在豆腐下方墊一個深一點的盤子。另外，也可以在平盤上架兩、三根筷子，把一塊豆腐放在筷子上，不蓋保鮮膜之下用六百瓦的微波爐加熱兩分半。

【蒸】沒有蒸鍋的話就在鍋底倒入熱水，放個蒸架（商店就買得到），然後把食材放上去。記得用一塊布夾在鍋蓋跟鍋子之間，不這麼做的話，蒸的時候水蒸氣會滴在食材上，變得溼爛。可以用布把鍋蓋包起來，在把手上打個結，這麼一來也不用怕火燒到布角，比較安全。要特別留意的是蒸鍋不要空燒，因為可能導致火災。

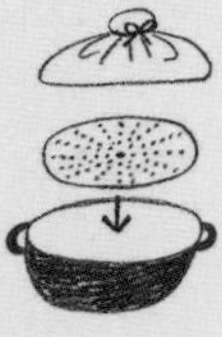

【悶】白飯煮好之後不要立刻打開鍋蓋，稍微靜置一會兒。這麼一來熱氣和水蒸氣就能徹底滲入讓米飯變得更鬆軟好吃。要是沒經過「悶」的步驟，米粒就不會那麼晶瑩飽滿。

【浸泡】浸泡在水裡。煮飯時為了能順利加熱到米芯，關鍵就是炊煮前要先浸泡超過30分鐘。尤其做什錦炊飯這類需要調味的料理時，如果沒有充分浸泡，有時米芯會煮不透。

【泡發、泡軟】用水泡發，泡軟 將濃縮了鮮甜滋味的乾貨用水泡發、泡軟，恢復到加工乾燥前的狀態。而用來浸泡的水也會變得鮮美，能用來做高湯。

—**將羊栖菜泡軟**：乾燥的羊栖菜泡水之後會恢復原來的狀態。順帶一提，乾貨或豆類泡水之後體積會增加。過去筆者曾經犯了這個錯，結果連續吃了一個多星期的羊栖菜。

【下麵】盡量用大一點的鍋子燒一大鍋熱水，煮出來的麵比較好吃。用太少的水會讓麵條擠在一起或黏住，總之沒有好處。

料理器具

【烘焙紙】為了防止食材黏在模型或烤盤上用來墊底的紙。蒸烤皆宜，非常方便好用。

【模型】—**塔派模型**：烤塔皮時使用的模型。邊緣為波浪形，沒有的話也可以拿家裡現有的耐熱容器來代替。

—**磅蛋糕模型**：烤磅蛋糕時使用的模型。也可以用裝餅乾的長方罐來代替。

【耐熱容器】能用於烤箱，在迅速加熱、冷卻下不會裂開的容器。話雖如此，使用上也不能太粗魯。有些耐熱容器的外型像是塔派模型。

【鍋壁】指鍋子內部側邊。

【竹簾】將切得細長的竹子用木棉繩編起來，專門做壽司卷的工具。做煎蛋卷時也可以使用。沒有的話會用保鮮膜代替。

【研缽】用研杵（研磨棒）研磨芝麻、味噌，搗成糊狀。跟研磨機器相較之下，更容易清洗保養。挑選時建議選大一號的，小尺寸的用起來比想像中不便。

【食物處理機】要將沒什麼水分的固體食材打碎時很方便。尺寸過小或過大都不好用，在挑選時最好先想想日常生活中需要的用途。至於筆者的建議，則是低價位也無妨但家中有一台會方便很多。

【攪拌器】也有手持的攪拌器，可以直接放進鍋子裡攪拌，製作離乳食品時很方便。↓果汁機（Mixer）

【果汁機（Mixer）】可以將水果、蔬菜、豆腐等各種食材打細變得滑順的工具。也可以代替研缽。跟食物處理機算是同一類，但處理水分多的食材，則以果汁機比較適用。

菜色

【飯】每天早、中、晚各個時段的飲食。另外也指米煮好的飯。對日本人而言三餐＝米飯。

—**什錦炊飯**：將米和其他食材跟高湯一起炊煮的什錦飯。

—**西式炒飯**：用奶油炒生米，加入其他食材，再用高湯炊煮的西式米食。本書中介紹的沒有炒生米，也沒有使用奶油，而是簡易版又好吃的紅蘿蔔炒飯。

—**紅酒牛肉燴飯**：其實好像就是「hashed beef」，燉煮時如果加點酸奶油，就成了俄式酸奶牛肉。

【濃湯】尤其指質地有點黏稠且不透明的湯品。無論冷熱都好喝。

【塔】在餅乾皮鋪上內餡送進烤箱烘焙的糕點。

【紅白蘿蔔醃菜】長期以來筆者都搞不清楚紅白蘿蔔醃菜的口味究竟是甜還是酸，所以不喜歡。但吃了越式三明治才見識到這道醃菜的厲害。紅蘿蔔的紅，搭配白蘿蔔的白，紅白兩色也常讓大家把這道醃菜當作討個好采頭。

【Noppe】日本全國各地的傳統鄉土料理，稱呼也各有不同。在筆者的故鄉新潟，「Noppe」是一種湯汁比較少的紅燒菜。每到寒冷的季節，筆者都會懷念起這道菜的滋味。

【越式三明治】原文Bánh Mì，是越南最普遍常見的一種三明治。這是「麵包」的意思，在越南正式的料理名稱是「Bánh mì th t」（th t是「肉」的意思）。

【漢堡排】在絞肉裡加入炒過的洋蔥、增加黏性的麵包粉、蛋液，以及調味料攪拌後，捏塑成橢圓形並用平底鍋煎熟。

【法式吐司】據說是在美國的法國人做出的料理，不知道是否為真？總之，法式吐司最吸引人的就是無論誰來做，都不太會失手，通常都很好吃。

【蒜片辣椒麵】義大利文「Peperoncino」，原本是「辣椒」的意思。本書中介紹的是蒜片辣椒蕎麥麵，一般則做成蒜片辣椒義大利麵。

料理相關名詞

【調整】調味。在烹調的最後階段調整出喜歡的口味。

【試味道】這一點很重要！要做出喜歡的口味，最後一定要稍微嚐一下味道。覺得不夠或是口味太重，都可以添加調味料或是加水、加粉來調整。

試味道

【味道凝聚】原先不一致的味道、口感凝聚在一起後會變得更好吃。

抱緊

【一小段、一瓣】敘述薑或大蒜時使用的單位。大小約為男性食指第一指節，大概在15公克左右。日文版責任編輯曾將「一小段、一瓣」誤以為是「一整塊」，讓筆者嚇了一跳。

【撮】指食譜中的「一撮」、「兩撮」。一撮就是用拇指、食指和中指挾起來的份量。有時候也指「少量」的意思。

【一口大小】剛好可以輕易吃下一口的大小。

【一把】單手毫不費力可握住的份量。如果是用力抓的話就太多了。

【少許】一點一點，慢慢摸索出喜歡的口味。做飯就是要這樣輕鬆。

【適量】根據狀況或實際需要使用適合的份量。

【份量外】不含在食譜材料標示的份量內。

【半熟】食物沒有完全煮熟或燙熟的狀態。

【乾硬】披薩餅皮乾硬，是因為發酵不夠嗎？還是烤過頭了？

【膨脹】披薩餅皮膨脹擀出漂亮的餅皮，在燒烤時就會像吹氣球一樣膨脹。此外，運用這個特性來做的還有皮塔、印度烤餅等。溫度降低之下，膨脹的餅皮也會消退，不用太緊張。

【室溫】將放在冰箱冷藏的麵團等取出後待降回室溫，比較好處理。

【輕輕拌勻】不用力，不施壓，迅速拌勻。

【殘留顆粒感】粉類材料沒有拌勻的狀態。

【黏稠】帶一點點黏性，些許糊狀。

黏答答

【黏稠狀】食物黏膩的狀態。

【果泥狀】材料搗碎或過濾後呈現的泥狀。糊狀比較濃。

【糊狀】肉類或蔬菜搗爛時的狀態。

【濃郁】滋味濃醇。

【濃縮】濃度高的液體。濃縮的沾麵露要兌水稀釋後再使用。→沾麵露

輪廓深

【沸騰冒氣泡】液體從靜靜地開始沸騰時的感覺。

【雜質浮泡】日文漢字寫作「灰汁」，是蔬菜澀味及清臭味的成分。牛蒡泡水就能去除澀味。此外，燉煮肉類時，出現在湯汁表面的雜質浮泡，要用湯匙撈掉。只是這類雜質也是構成味道的一部分，不要撈得太乾淨。

其他

【狐狸】據說狐狸喜歡吃油豆皮，因此使用油豆皮做成的料理也會稱為「狐狸〇〇」。此外，人們也會用狐狸來形容以美色誘惑男人的女性，或是狡猾的人，適用範圍相當廣泛。

狐狸

【吃點心囉】是非常有趣且簡單實用的點心食譜。多虧各位讀者對於《吃點心囉》的支持，才會有《吃飯囉》的誕生。

輕鬆料理單品主餐

——謹以此文作為後記——

在寒冷的冬夜裡，吃過晚餐，洗好澡，全家人圍坐在暖被桌邊，遠遠傳來賣麵小攤的鈴聲。爸爸衝出去買了一碗回來，全家人鬧烘烘地分食裝在保麗龍碗裡的醬油拉麵。配料雖然只有少得可憐的筍乾和玉米，但就是有種說不出的好味道。憑藉著這份記憶，現在我經常做這種簡單的拉麵，大多使用能現煮現吃的即食麵條，配料只有蔥花。刻意精簡，就跟泡麵差不多。

要是有前一晚吃剩的白飯，我們夫妻倆（不知是誰先開始）就會拿來做「火腿蛋飯」。材料包括常被塞在老家寄來包裹內的火腿，還有冰箱一定有的雞

蛋。我認為這種組合就是再完美不過的「單品主餐」。用平底鍋把火腿稍微煎一下，打一顆蛋。加一點點水之後蓋上鍋蓋，蛋煎到半熟時起鍋，趁熱鋪到飯上，最後淋一點醬油。準備一杯焙茶，滿心雀躍大快朵頤，光是這樣就覺得活力十足。

我會這麼愛做單品主餐，都是因為只要面對眼前這項食物，既單純又乾脆。此外，這樣也不用鬥志十足堅持做很多菜來「充分補足營養」！而是可以輕鬆解決一餐，大不了下一餐再多吃點蔬菜就好。我想，這也是能持續在家自己做飯吃的關鍵所在吧。

無論是做飯、做點心，基本道理都是一樣的。希望各位不要勉強自己，樂在其中。

吃飯囉

日常生活中一再回味的經典料理食譜

作者｜中島志保
譯者｜葉韋利
封面設計｜ IF OFFICE
內頁設計｜ Wang Pei-yu
特約編輯｜櫻井彤
責任編輯｜林明月
行銷企畫｜林予安

發行人｜江明玉
出版、發 行｜大鴻藝術股份有限公司 合作社出版
台北市103大同區鄭州路87號11樓之2
電話｜（02）2559-0510 傳真｜（02）2559-0502
E-mail ｜ hcspress@gmail.com
總經銷｜高寶書版集團
台北市114內湖區洲子街88號3F
電話｜（02）2799-2788
傳真｜（02）2799-0909

2017年11月初版 Printed in Taiwan
定價300元 ISBN 978-986-93552-6-1

日文版工作人員
攝影｜廣瀨貴子
插畫｜七字由布
書籍設計｜番 洋樹
校對｜山本直美、坂本 文
編輯｜兒玉 藍
印刷監修｜米原泰彥
協力｜小田島千晶

國家圖書館出版品預行編目（CIP）
吃飯囉：日常生活中一再回味的經典料理食譜
中島志保作；葉韋利譯. -- 初版.
-- 台北市：大鴻藝術合作社出版, 2017.11
96面；15×21公分
ISBN 978-986-93552-6-1(平裝)
1.食譜
427.1 106017556

Photographs by HIROSE Takako
Illustrations by SHICHIJI Yu

吃點心囉

日常生活中一再回味的經典點心食譜

作者｜中島志保
譯者｜葉韋利
封面設計｜ IF OFFICE
內頁設計｜ Wang Pei-yu
特約編輯｜櫻井彤
責任編輯｜林明月
行銷企畫｜林予安

發行人｜江明玉
出 版、發 行｜大鴻藝術股份有限公司
合作社出版
台北市103大同區鄭州路87號11樓之2
電話｜（02）2559-0510
傳真｜（02）2559-0502
E-mail ｜ hcspress@gmail.com
總經銷｜高寶書版集團
台北市114內湖區洲子街88號3F
電話｜（02）2799-2788
傳真｜（02）2799-0909

2017年11月初版　Printed in Taiwan
定價300元　ISBN 978-986-93552-5-4

日文版工作人員
設計｜番 洋樹
攝影｜釜谷洋史
插畫｜七字由布
編輯｜兒玉 藍
資材設計｜浜野友樹
印刷監修｜前川貴映、米原泰彥（凸版印刷）
印刷進行｜桑野熊一郎、池田奈緒子（凸版印刷）
校對｜坂本　文、楠元　綾
活版印字｜渡邊則雄（印刷博物館）
協力｜中島家諸位、長津家諸位、北川　桂、永井　翔、
中川真吾、小田島千晶（GARAGE）http://oda-garage.jugem.jp/

國家圖書館出版品預行編目（CIP）資料
吃點心囉：日常生活中一再回味的經典點心食譜 /
中島志保作；葉韋利譯.
-- 初版. -- 臺北市：大鴻藝術合作社出版，2017.11
96面；15×21公分
ISBN 978-986-93552-5-4(平裝)
1.點心食譜
427.16　　　　106017555

Photographs by KAMAYA Hiroshi
Illustrations by SHICHIJI Yu

味，全身上下從內到外都活過來了。

這兩道點心，對我來說都是很珍貴的記憶。不管是甜、是鹹，用什麼材料、哪一種吃法，都很自由。現在仔細想想，我自己對點心的定義就是「在正餐之間吃了舒心的食物」。

這次為了推出這本書，跟工作人員一起邊做邊吃好多不同的點心。每次都準備了大量的焙茶，一群人圍坐在桌前邊吃邊聊，彷彿回到小時候跟家人共享的點心時間。做點心果然會讓人陷入悠閒溫暖的氣氛哪。

請各位也一起享受這自由的點心時刻，無論何時、無論跟什麼對象，都無妨。更希望在那一刻，這本書也陪伴在各位身邊。

點心即自由
——謹以此文作為後記——

小時候從才藝班下課之後，我和姊姊餓著肚子回到家，來家裡店舖幫忙的阿姨常會做小小的「芝麻鹹飯糰」給我們倆吃。明明只是在白飯裡加了黑芝麻和鹽拌勻捏成的飯糰，不知道為什麼，吃起來又鬆軟又香甜，真的好好吃，我們常央求阿姨做給我們吃。

在foodmood點心舖還沒成立之前，我曾在其他餐廳工作。結束忙碌的午餐時段，準備開始晚餐備料時，常會突然覺得肚子好餓。這時候我都習慣來碗「麻油拌飯」。拿個小碗盛裝糙米飯，淋上麻油、醬油，撒點黑胡椒。站在廚房裡吃的這碗飯，著實美

【苦】是不是燒焦了？還是加太多泡打粉？經常發生在份量上把大匙、小匙弄錯的烏龍情況。

【燒焦】攪拌焦糖或做葛粉布丁時一個分神，或是烤箱溫度設定太高、時間設定太長，表面就會焦黑變苦。如果是鍋底燒焦，可以把沒有焦的部份挖起來。萬一硬是攪拌，會讓焦味整個擴散，神仙也救不了！做餅乾或蛋糕的話，就把燒焦部份切掉。總之，懂得適時放棄也很重要。就當受一次教訓學一次乖。

【包不下】做煎包時太貪心，在麵皮中塞入過多餡料。另外，也可能是麵皮封口沾到水分或油，沒辦法封口。

【萼】果實萼片的部份。

【蒂頭】長出果蒂的部位。清洗之後要是沒有擦乾，經常會從這裡發黴。

【纖維】這裡指的是蔬果內軟軟的一團物質。在南瓜中稱為「瓜囊」。在果實中間，跟種子長在一起，呈現一團鬚狀。這部份通常會去除。柑橘的纖維則是白色絲狀。有時做點心要削點果皮使用時，如果不小心刮到白絲，就會帶著苦味。記得，只要刮削表面的果皮來用就好。（日本的小夏和日向夏這兩個品種是少數例外，白絲纖維香甜美味）

【鍋壁】—【從鍋壁剝落】：用小火燉煮液體時，會從鍋緣開始剝落，往中心聚集。（例）P.13牛奶糖的圖1。

【雜質浮泡】沸騰時陸續冒出的灰色泡沫，即是蔬菜澀味、青臭味及苦味的成分。在呈現食材原味的烹調方式中，這類雜質也是構成味道的一部份。

【熱呼呼、趁熱】差不多是燙到沒辦法直接觸摸的狀態。在做抹茶葛粉布丁或是牛奶糖時，因為液體容易飛濺，要特別小心燙傷。拿取剛出爐的蛋糕模型時也要留意（與其使用防燙手套，不如戴兩層工作手套更有效也方便操作）。

其他

【最佳賞味時刻】這道點心吃起來最美味的時機。要是錯過就有點可惜了。像是鬆餅要熱騰騰吃，乳酪蛋糕必須放一個晚上熟成後吃，馬德蓮和馬芬則要稍微放涼最好吃。

最佳賞味時刻

【點心】日本直到江戶時代中葉左右，一般人都還是習慣一天吃兩餐，在下午兩點到四點之間，也就是「八刻」的時候吃點東西，稱為「お八（や）つ」。後來逐漸演變成在其他時間吃的小東西都叫做「おやつ」（點心）。對筆者而言，點心就是隨時吃都好的食物。

【胖】做好的東西全部一個人吃掉就會變胖。

胖

【乾硬】—烤起來乾硬：加入麵粉類之後攪拌過頭，或是麵粉類加得不夠，成品就會變得乾硬。或是確認是否份量弄錯。

【不會凝固】寒天不會凝固：凝固之前是不是沒有徹底加熱？煮沸之後記得還要繼續多加熱兩分鐘唷。此外，也要再檢查一次份量。

—巧克力無法凝固：檢查是否酒或水加太多？「依個人喜好的量」並不等於「喜歡多少就加多少」。兩者之間很難拿捏吧。

【破碎】外型有損壞。剛出爐的餅乾相當容易破碎，暫時先放著不動，在烤盤上靜置放涼。

—煮碎：燉煮過久使得食材邊緣溶解，或是外型破碎。是不是火開得太大，或是翻攪太多次？

【結塊】麵粉維持固體塊狀，未經過過濾而殘留。如果是過篩之後看到的塊狀，多半在烤的過程中就會不見。不過，像是可可粉或抹茶粉這種顆粒較細的材料，用粗篩網篩過還是會殘留。↓過篩

【乾燥粗糙】鮮奶油要是打過頭，或是在沒有冷藏的狀況下打到分離時的狀態。這時候可以加少量鮮奶油來補救（為此先預留少量也是方法），或是乾脆放棄繼續打到最後，加點鹽，做成奶油。

↓打發、起泡

【出現裂痕】↓麵糊

【結晶化】在攪拌下砂糖逐漸變白、變硬的過程。乍看之下像發霉，但不用擔心。

【乳化】—促進乳化：讓原本不相溶的兩種物質藉由攪拌（勉強）混合在一起。就像這個社會一樣。這種方式經常用在做醬汁要混合水和油的時候。不過隔一段時間仍然會油水分離。

乳化

【滑順】—融化到滑順：融化到完全呈現液態，沒有顆粒的狀態。

—直到變成滑順狀態：沒有顆粒殘留，很流暢的狀態。

—輕輕攪拌↓攪拌

【分離】不同成分分開了。像是水和油，或是溼潤的麵糊和扎實的麵糊。

分離

【扎實】質地緊緻密實的狀態。

【有彈性】結實且富有彈性。

【扎實有彈性】口感Q彈又有份量。

【光澤】—展現光澤：營造出光澤，讓食物看起來更好吃。

閃閃動人

【沒烤熟】這是指加熱不夠的狀態。用竹籤或牙籤插進麵團裡，如果拔出來沾著溼麵糊，就是沒烤熟。通常麵粉用量多、質地溼潤的麵糊，需要比較長時間才烤得熟。但用竹籤一戳再戳，會讓成品表面到處都是洞。了解自家烤箱的特性很重要。

的話，會造成水蒸氣悶在裡頭，讓成品表面變得溼爛，所以要稍微散熱之後再包。包的時候輕輕覆蓋即可。使用保鮮膜也可達到同樣的效果，但通常質地較硬的會使用鋁箔紙，質地軟的則用保鮮膜。

—**在烤盤上放涼**：餅乾從烤箱出爐之後，直接在烤盤上放涼。餘熱會將水分蒸散，讓餅乾更酥脆。

—**蓋上保鮮膜**：做摩卡卷的蛋糕體在放涼時，輕輕蓋一層保鮮膜防止乾燥。

【冷卻】從熱騰騰經散熱後，直到完全放涼。

感情也會冷卻

【室溫】—回復到室溫：將食材從冰箱拿出來，讓溫度回復到接近室溫比較好處理。在使用奶油、奶油乳酪、蛋時經常會用這個方法。筆者童年時期曾因為等不及，直接用微波爐加熱奶油結果失敗，結果慘不忍睹。

【回溫】—回溫到變軟：如果指的是奶油乳酪，差不多在凝固下能以手指輕易戳進去的狀態。

【體溫】—加熱到體溫左右：也就是接近攝氏36度。微溫的感覺。

【冷凍】—將蛋白放進冷凍庫冷凍：打蛋白霜之前將整個調理盆放進冷凍庫冰5～10分鐘，就能打出更細緻綿密的泡沫。記得要把冰箱冷凍庫整理一下，以便放進調理盆。

—**放進冰箱冷藏30分鐘**：摩卡卷在冷藏之後可以讓蛋糕體跟奶油餡更融合，口味變得穩定。總不可能初次見面就變得親近嘛。

不可能第一次見面就感到親近

【保存】不是要馬上吃的點心如果沒有好好保存，會受潮或壞掉。每種點心各有適當的保存方式，比方餅乾這類乾燥食品，要連同乾燥劑一起放進密封容器中，放在冷涼陰暗的場所。水分較多的蛋糕類則放進容器裡，或是用保鮮膜包起來冷藏保存。糖漿就裝入經過煮沸消毒的乾淨空瓶保存。話說回來，平常在家裡做點心時，建議一次不要做太多，趁早吃完最好。

【陰涼處】指溫度低且不會直接曝曬到陽光的地方。餅乾、堅果、果乾類都要在這種環境下保存。裝有梅子糖漿的瓶子最好放在走廊或是廚房裡遠離爐火的地方。避免放在光線充足的場所。

陰涼處

【硬度】—不會煮碎的硬度：加熱煮熟卻還能保持完整外型的狀態。用竹籤能夠輕易刺穿，煮到變軟的硬度。再繼續燉煮就會從表面逐漸化開、碎掉。

—**跟耳垂差不多的硬度**：摸摸耳垂，就是那種柔軟卻帶點彈性的觸感。跟捏臉頰時的感覺也有點像，用指尖按下去感覺很舒服，也很像我們常說的「彈牙」口感。

吃點心囉

日常生活中一再回味的經典點心食譜

中島志保 著　葉韋利 譯